	„Indianerbeet“	Erdbeerbeet	Tomatenbeet	Pflanzenvorzuchtbeet
	Wintersalate ernten		Spinat aussäen, Tomaten, Paprika und Sellerie vorziehen	
	„Gurkenrille“ vorbereiten	Alte Erdbeerblätter entfernen, Boden lockern		
	Folientunnel bepflanzen			
		Erbsen säen, Schalotten stecken, Folie spannen		Kräuter, Salat- und Gemüsepflanzen aussäen
	Pflanzen im Folien tunnel lüften und gießen			Grünkohl aussäen
	(Gurken, Zucchini und Mais aussäen)	Erntebeginn der Frühlingszwiebeln	Spinat ernten	Gemüsepflanzen vereinzeln
	Salat ernten, Rettich, Radieschen, Gurken-, Zucchini- und Maispflanzen pflanzen, Stangenbohnen setzen	Erdbeeren mulchen	Tomaten, Paprika und Sellerie pflanzen	
				Kräuter nachsäen
	Beet hacken und pflegen	Erntebeginn der Erdbeeren	Tomaten gießen und pflegen	Gemüsepflanzen verpflanzen
	bei anhaltender Trockenheit gießen	Erntebeginn der Erbsen		
				Herbst- und Wintersalate aussäen

Kristina Bauer

Gemüse

Frische Ideen für den Garten

Ulmer

Seite 4

So fängt alles an

Der Boden ist die Grundlage für gesundes und erfolgreiches Pflanzenwachstum. Außerdem benötigen die Pflanzen Nährstoffe, die Sie dem Boden zuführen müssen. Mit zunehmender Gärtnererfahrung will man Pflanzen selbst heranziehen – lernen Sie verschiedene Methoden kennen.

INHALT

Seite 32

Gut geplant ist halb gewonnen

Sie wollen mit den ersten warmen Frühlingstagen voller Tatendrang in Ihrem Gemüsegarten werkeln? Zuvor sollten Sie sich grundlegende Gedanken zur Einteilung der Beete, zur Auswahl und zur Kombination der einzelnen Gemüsearten machen.

Seite 42

Gemüse in der Anbau-Praxis

Hier stellen wir Ihnen leckeres, seltenes, robustes oder exotisches Gemüse vor, wie Sie es in ausgewogener Fruchtfolge mit Mischkultur in verschiedenen Kombinationen anbauen können. Die Anbaupläne können Sie für den eigenen Garten übernehmen.

Seite 112

Pflanzenschutz beetweise

Trotz der die Pflanzengesundheit stärkenden Mischkultur kann es vorkommen, dass Pflanzen befallen und geschwächt werden. Welche Schäden auftreten können und wie Sie sich dagegen vorbeugend oder mit Hilfe „sanfter“ Methoden wappnen, lesen Sie hier.

Zum Nachschlagen

So fängt alles an

Der Boden ist die Grundlage für gesundes und erfolgreiches Pflanzenwachstum. Deshalb ist es wichtig, ihn näher kennen zu lernen. Die Pflanzen benötigen für ein gesundes Gedeihen Nährstoffe, die sie über den Boden beziehen. Wie Sie dem Gartenboden wieder aktiv Nährstoffe zuführen, erfahren Sie hier. Mit zunehmender Gärtnererfahrung will man Pflanzen selbst heranziehen. Damit die Pflanzenanzucht auch ohne Gewächshaus gelingt, verraten wir Ihnen einfache und Platz sparende Anzuchtvarianten.

Worauf alles wächst – der Boden

Die mineralischen Bodenbestandteile

Ausgangspunkt für die meisten Böden ist das geologische Ursprungsgestein. Aus ihm hat sich über Millionen Jahre hinweg durch das Zusammenwirken von Frost, Hitze, Wasser und der Aktivität der Bodentiere und Mikroorganismen der charakteristische Boden entwickelt. Der Boden wird – abhängig von der Größe der Bodenteilchen – Sand-, Lehm- oder Tonböden zugeordnet. Um herauszufinden, in welche Kategorie der eigene Gartenboden gehört, gibt es zwei einfache Methoden. Die eine ist die Fingerprobe, die andere der Handtest. Die Ergebnisse und möglichen Rückschlüsse auf die Bodenart werden in der Tabelle unten dargestellt.

Für die **Fingerprobe** wird leicht feuchter Boden zwischen Daumen und Zeigefinger gerieben und dabei die Substanz erspürt. Beim **Handtest** entnehmen Sie mit einer Schaufel feuchten Boden und befreien ihn von allen Pflanzenresten. Von diesem Boden nehmen Sie etwas in die Hand und pressen ihn kurz zusammen. Nach dem Öffnen der Hand zeigt der Boden bestimmte Eigenschaften, die Rückschlüsse auf die Bodenart ermöglichen.

Sandboden hat eine sehr grobe Körnung, die sich bei der Fingerprobe gut erspüren lässt. Auf Grund der groben Körnung ist die gesamte Oberfläche der Bodenpartikel relativ klein, und die Zwischenräume zwischen den Bodenpartikeln (Kapillare) sind relativ groß.

Durch die verhältnismäßig geringe Oberfläche und des bei Sandboden sehr geringen Tonanteils bieten Sandböden nur wenige Möglichkeiten, Nährstoffe zu binden. Die großen Kapillaren haben kein oder nur ein sehr geringes Wasserspeichervermögen. Dafür erwärmt sich der Sandboden im Frühjahr schnell und kann fast ausnahmslos zu jeder Zeit bearbeitet werden.

Bearbeitungsziele:

- Anreicherung des Bodens mit organischer Substanz (Kompost, Gründüngung)

AUF EINEN BLICK

Erkennungsmerkmale verschiedener Bodenarten

Bodenart	Anteil an Feinerde (Ton und Schluff)	Körnung	Fingerprobe	Handtest
Sand	bis 5%	0,2 bis 2 mm	deutliche Körner fühlbar	rieselt durch die Finger
lehmiger Sand (Schluff)	5 bis 20 %		-	krümelt durch die Finger
sandiger Lehm	20 bis 30%		-	bröckelt durch die Finger
Lehm	30 bis 40 %	0,002 bis 0,2 mm	-	zerbricht in der Hand
schwerer Lehm mit Tonanteilen	40 bis 50 %		keine Körner fühlbar, die Masse ist weich	einzelne Stücke formbar
Ton	> 50 %	< 0,002 mm		modellierbar zu Würsten

Üppiger Pflanzenbewuchs fördert die Bodenstruktur.

• Anreicherung mit Tonmineralen (Bentonit, Lehm) über den Kompost, die ihm gezielt zugegeben werden sollten.

Lehmboden (Schluff) nimmt eine Zwischenstellung zwischen Sand- und Tonboden ein, und jeder Gartenbesitzer, der diesen Boden hat, kann sich glücklich schätzen. Dieser Boden hat mit seinem relativ hohen Tonanteil eine recht große Oberfläche und kann somit Nährstoffe in ausreichender Form binden. Gleichzeitig wird durch die mittlere Korngröße der Bodenpartikel ein für die Wasserspeicherung günstiges Kapillarsystem ausgebildet.

Bearbeitungsziele:

• Anreicherung des Bodens mit organischer Substanz (Kompost, Gründüngung) zur Stabilisierung und Verbesserung der Bodenstruktur

• Regelmäßige Kalkgaben, z.B. Kalksteinmehl, Algenkalk oder Holzasche sind erforderlich, damit der für diese Böden günstige pH-Wert von 6,5 bis 7 gehalten wird.

Tonboden hat eine sehr feine Körnung, und der Boden ist in feuchtem Zustand eine weiche Masse. Das Kapillarsystem ist, wenn es nicht durch Pflanzen und Bodentiere verändert wurde, sehr fein und bei Druckeinwirkung recht instabil. Die Gesamtoberfläche aller Bodenpartikel ist sehr groß.

Tonboden hat die Fähigkeit, Wasser in seinem feinen Kapillarsystem zu halten. Sind die Kapillare allerdings zu fein, haben die Pflanzen keine Möglichkeit, an das Wasser zu gelangen, da die Saugspannung in den Kapillaren zu hoch ist. Die große Oberfläche der gesamten Bodenpartikel und der hohe Anteil an Tonmineralien ermöglichen eine sehr gute Nährstoffbindung.

Charakteristisch für den Tonboden ist, dass er sich nur bei einer bestimmten Feuchtigkeit bearbeiten lässt (so genannter „Minutenboden"). Ist er zu trocken, wird der Tonboden steinhart und bildet dicke Klumpen und Schollen; ist er hingegen zu feucht, klebt er an allen Gartengeräten fest. Nach längerem Regen ist der Boden so feucht, dass Sie ihn nicht betreten sollten, da es sonst zu Bodenverdichtungen kommt, die nur schwer zu beheben sind.

Bearbeitungsziele:

• Regelmäßige Kalkgaben, z. B. Kalksteinmehl, Algenkalk oder Holzasche sind erforderlich, damit der für diese Böden günstige pH-Wert von 6,5 bis 7 gehalten wird.

• Die Durchlüftung des Bodens sollte durch tief wurzelnde Gründüngungspflanzen (siehe Seite 20 f.) gefördert werden.

• Bei einem Boden mit hohem Tongehalt sollte im Herbst umgegraben werden, damit die Bodenschollen durch den Frost im Winter in eine feinkrümelige Struktur zerteilt werden. Dann lässt sich der Boden im Frühjahr, wenn die Krume abgetrocknet ist, gut bearbeiten.

Die organischen Bodenbestandteile

Die hier dargestellten unterschiedlichen Bodentypen werden durch die Feinheit und Struktur des mineralischen Ausgangsmaterials charakterisiert. Ein optimaler Gartenboden besitzt ein ausgewogenes Verhältnis von Sand, Schluff und Tonpartikeln und einen hohen Humusgehalt. Das Ausgangsgestein, auf dem der Boden entstanden ist, bietet nicht immer die Voraussetzungen für eine günstige Zusammensetzung, und als Gärtner hat man nachträglich nur einen sehr geringen Einfluss auf die mineralische Substanz. Gestalten und beeinflussen kann man aber den Gehalt an organischer Substanz und die damit verbundene Humusbildung. Der Humus hat, neben dem Anteil der Tonminerale, eine besondere Bedeutung für die Fruchtbarkeit eines Bodens.

TIPP

Der Boden lebt!

Zur Bodenflora zählen Einzeller, Bakterien, Strahlenpilze und Pilze.
Die Bodenfauna unterteilt man in folgende Bereiche, die sich nach der Größe der Lebewesen richtet:
- Mikrofauna: Wimpertierchen, Wurzelfüßler, Geißeltierchen.
- Mesofauna: Nematoden, Milben, Borstenwürmer, Springschwänze, Rädertierchen.
- Makrofauna: Asseln, Spinnen, Doppel-, Hundert- und Vielfüssler, Kleininsekten, Schnecken und Regenwürmer.

Das gesamte Bodenleben bezeichnet man übergreifend als „Edaphon“.

Die organische Substanz im Boden setzt sich aus tierischen und pflanzlichen Bestandteilen zusammen, die alle in einer Abhängigkeit zueinander existieren. Durch ihre Aktivität schaffen sie erst die Grundlagen für das Pflanzenwachstum: Die im Boden lebende Bodenflora zersetzt gemeinsam mit der Bodenfauna die organische Substanz im Boden. Bei diesem Zersetzungsprozess wird die organische Substanz mechanisch zerkleinert und anschließend in ihre chemischen Ausgangsstoffe zerlegt. Die frei werdenden Nährstoffionen werden anschließend von den Pflanzen als Nahrungsgrundlage für das eigene Wachstum wieder benötigt. Sie sollten im Oberboden gespeichert sein, damit sie für die Pflanzen erreichbar bleiben. Die Nährstoffionen werden an den schichtartig aufgebauten Tonpartikeln eingelagert. Sie können aber auch in Form von Huminstoffen langfristig gespeichert werden, die aus Molekülen abgestorbener Pflanzen zusammengesetzt sind und in ihrer Gesamtheit den Humus bilden. Der Humusgehalt im Gartenboden sollte bei sandigen Böden bei 3 bis 4 %, bei tonhaltigen Böden bei 6 % liegen.

Ein hoher Humusgehalt hat neben der Eigenschaft, Nährstoffe zu binden und sie gleichzeitig für die wachsenden Pflanzen zur Verfügung zu stellen, weitere positive Wirkungen. So kann der Humus sich durch die Aktivität von Regenwürmern mit den mineralischen Bestandteilen zu einem so genannten „Ton-Humus-Komplex“ verbinden. Das führt zu einer günstigeren Bodenstruktur, die wiederum ein gutes Wasserhaltevermögen bei einer guten Durchlüftung des Bodens bedeutet. Darüber hinaus nimmt ein Boden mit einem hohen Humusgehalt eine dunkle Farbe an, die bekanntermaßen dazu führt, dass sich der Boden schneller erwärmt.

Sie sollten also bei Ihrem Boden die Wachstumsbedingungen optimieren und damit die Bodenfruchtbarkeit erhöhen, indem Sie ihn durch Kompostgaben oder Gründüngung ständig verbessern.

Den Boden beurteilen

Bodenproben: Die gängige Analyse einer Bodenprobe durch ein Bodenuntersuchungslabor gibt Auskunft über den pH-Wert und den Nährstoffgehalt. Gleichzeitig wird mit den Analyseergebnissen auch eine Düngeempfehlung ausgesprochen. Die Bodenprobe sollte vor der Vegetationszeit im Frühjahr genommen werden, bevor der Boden mit Kompost versorgt wird. Dabei gehen Sie folgendermaßen vor:

Fachgerechtes Entnehmen einer Bodenprobe.

Im Garten steht in der Regel kein professioneller Bohrstock zur Verfügung. Aber Sie können sich auch mit einem Spaten behelfen. Um eine für den Garten annähernd repräsentative Probe zu erhalten, wird mit dem Spaten an zehn verschiedenen, gleichmäßig über die Fläche verteilten Stellen Boden entnommen. Dazu wird mit dem Spaten ein Loch gegraben und entsprechend der Spatentiefe (etwa 20 cm Bodentiefe) ein 1 bis 2 cm schmaler Streifen Boden abgestochen. Diese Erde wird in einem Eimer gesammelt und – wenn alle Proben beisammen sind – gründlich gemischt. Von diesem Gemisch werden etwa 500 g an ein Bodenanalyselabor geschickt. Dieses Labor bestimmt in der Regel auch den pH-Wert, aber es gibt auch die Möglichkeit, diesen selbst zu ermitteln.

pH-Wert: Der pH-Wert ist die Maßzahl für die Wasserstoffionen-Konzentration in der Bodenlösung. Ein pH-Wert von 7 bedeutet, dass sich die H^+ und OH^- Ionen in der Bodenlösung im Gleichgewicht und daher im neutralen Bereich befinden. Bei pH-Werten unter 7 spricht man von einem sauren Boden (Essig liegt bei pH-Wert 3), bei pH-Werten über 7 von einem alkalisch reagierenden Boden (Seifen- Natronlauge). Das Optimum liegt für die meisten Kulturpflanzen in dem schwach sauren bis neutralen Bereich (pH-Wert 5 bis 7,5). Für unsere Gartenböden sollte man bei sandigen Böden ein pH-Wert von 5 bis 5,5, bei lehmig-tonigen Böden ein pH-Wert von 6,5 bis 7 anstreben.

TIPP

Bedeutung des pH-Wertes

Der pH-Wert beeinflusst ganz entscheidend den elektrochemischen Bindezustand der Nährstoffe. Da er die Verfügbarkeit der Nährelemente mit bestimmt, hat er entscheidenden Einfluss auf die Ernährungssituation der Pflanzen. Kontrollieren Sie deshalb regelmäßig das Milieu Ihres Gartenbodens.

Umgraben mit dem Spaten

Den Boden bearbeiten

Mit dem Spaten graben: Traditionellerweise wird das ganze Gartenland im Herbst komplett umgegraben. Der Boden liegt dann über den Winter in gegrabenen Schollen auf den Beeten und ist der Witterung ausgesetzt.

Heute wird das Umgraben intensiv diskutiert. Ein generelles Ja oder Nein zum Umgraben gibt es nicht, sondern die Entscheidung muss entsprechend den Bedingungen immer wieder neu getroffen werden. Die Vorteile des Umgrabens kommen zum Tragen, sobald der Garten einen sehr tonhaltigen Boden aufweist oder der Garten stark verunkrautet ist.

So graben Sie richtig um: Zunächst heben Sie eine spatentiefe und -breite Reihe aus. Der hier entnommene Boden wird auf dem umzugrabenden Beet verteilt. Bei der zweiten Reihe stechen Sie den Boden dann an der entstandenen Kante ab, nehmen ihn mit dem Spaten auf, wenden ihn einmal und legen ihn dabei in die Furche der ersten Reihe. So verfahren Sie weiter, bis die Fläche umgegraben ist.

Mit der Grabegabel graben: Das Graben mit der Grabegabel geht einfacher als mit dem Spaten, da Sie hier nur die Zinken in den Boden stechen müssen. Die Grabegabel kommt zum Einsatz, wenn Sie den Boden während der Vegetationszeit lockern wollen. Und so geht´s am einfachsten: Sie stechen die Grabegabel in der gewünschten Tiefe in den Boden ein, drücken durch Hebeln des Gerätestieles die Gabel nach oben und der erfasste Boden fällt durch die Zinken zurück. Große Brocken können Sie durch das Aufschlagen mit den Zinken nachträglich noch zerkleinern. Hier wird der Boden im Gegensatz zum Umgraben mit dem Spaten nicht komplett gewendet.

Mit dem Kultivator, Grubber oder Krail lockern: Nach dem Umgraben mit dem Spaten und auch nach dem Graben mit der Grabegabel besteht der Boden noch aus groben Brocken, in die nicht gesät oder gepflanzt werden kann. Diese Brocken müs-

Vor- und Nachteile des Umgrabens

AUF EINEN BLICK

Vorteile des Umgrabens	Nachteile des Umgrabens
Die Bodenschollen frieren komplett durch: das Wasser in den Poren gefriert zu Eis und sprengt die Bodenteilchen auseinander (Frostsprengung), dadurch entsteht im Frühjahr eine günstige Bodenstruktur.	Da der umgegrabene Boden ohne Vegetationsdecke überwintert, werden die im Boden vorhandenen Nährstoffe leichter ausgewaschen.
Alle Unkräuter, auch die tief wurzelnden Arten, werden erfasst und vernichtet.	Dem Umgraben geht ein Leerräumen der Beete voraus. Noch vorhandene Vegetationszeiten werden nicht zum Aufbau von organischer Masse genutzt.
Sie müssen im Frühjahr keine intensive Bodenbearbeitung mehr durchführen. Gleichzeitig wird im Frühjahr der Wasserhaushalt im Boden nicht beeinträchtigt, da das Kapillarsystem nicht zerstört wird.	Die im Boden vorhandenen Strukturen sowie das Bodenleben werden durch den Wendeprozess gestört und müssen sich erst wieder regenerieren bzw. neu aufbauen.

sen Sie mit dem Grubber oder Kultivator zerkleinern. Dazu wird der Kultivator durch die Krume gezogen. Sinnvollerweise arbeiten Sie dabei in eine diagonale Richtung, damit die Unebenheiten nach dem Graben wieder ausgeglichen werden. Nach dem Lockern mit dem Kultivator bleibt eine grobkrümelige Erde zurück. Für Pflanzensetzlinge ist der Boden jetzt fein genug, für die Aussaat müssen Sie die Struktur noch verfeinern.

Mit der Harke einebnen: Für ein Saatbeet muss der Boden eine feinkrümelige Struktur aufweisen, damit die Samen gute Startbedingungen haben. Die grobkrümelige Erde, die der Kultivator hinterlassen hat, wird mit der Harke nochmals oberflächlich durchgezogen.

Reihen ziehen: Für die Aussaat müssen Sie Rillen in den Boden ziehen. Bei langen Beeten markieren Sie diese Rillen durch eine gespannte Schnur. Entlang dieser Schnur ziehen Sie dann mit einer kleinen Hacke oder einfach mit einem Stock eine etwa 2 cm tiefe Rille. Wenn Sie gleich mehrere Reihen ziehen wollen, bewährt sich ein Reihenzieher. Hier stellen Sie die kleinen Schare auf den Zwischenabstand der Reihen ein und arbeiten sich mit dem Reihenzieher durch den Boden.

Reihen schließen: Soll der Samen nur mit ganz wenig Erde bedeckt werden, drücken Sie mit dem Harkenrücken der Samen in der Rille an. Da hierdurch immer etwas Erde auf die Samen fällt, liegen sie entsprechend richtig. Sollen die Samen tiefer in der Erde liegen, wird mit der Rückseite der Harke Erde in die Rille gezogen und anschließend leicht angedrückt.

Bodenlockern mit dem Krail.

Mit Schlag- oder Ziehhacke lockern: Sie sollten Ihren Gartenboden nach intensiven Niederschlägen im Frühjahr und Sommer hacken. Durch diese Maßnahme lockern Sie die Bodenoberfläche. Der Boden bleibt durchlässig für die Luftzufuhr und er wird besser erwärmt. Gleichzeitig werden keimende Unkräuter sofort vernichtet. Die Schlaghacke wird flach auf die Bodenoberfläche „geschlagen“ und dann wieder neu angesetzt. Die Ziehhacke wird kurz unter der Bodenoberfläche durch den Boden gezogen. Die Bodenkrümel fallen durch den Bügel hindurch.

Den Boden anhäufeln: Viele Gemüsepflanzen (Bohnen, Kohlpflanzen, Möhren, Tomaten) sollen angehäufelt werden. Diese Maßnahme gibt den Pflanzen eine höhere Standsicherheit oder verhindert ein Vergrünen von Pflanzenteilen und der Boden erwärmt sich schneller. Das Anhäufeln führen Sie mit einer breiteren Hacke durch. Dazu lockern Sie Erde in der Umgebung der Pflanze, ziehen sie mit der Hacke zur Pflanze hin und verteilen sie um die Pflanze herum.

Gärtner-Equipement – praktische Gartengeräte

Der Fachhandel und die Baumärkte halten eine Vielzahl von Gartengeräten bereit. Welche Kriterien sind beim Kauf entscheidend? Wie finde ich das passende Gerät für mich? Wir erleichtern Ihnen die Auswahl und schildern, auf was Sie achten müssen.

Spaten

Der Spaten hat seinen Haupteinsatz bei der Grabearbeit im Herbst. Insbesondere schwere Böden und stark verunkrautete Flächen sollten Sie im Herbst umgraben und die Beete grobschollig über Winter liegen lassen. Der Spaten kommt auch beim Ausgraben und größeren Pflanzaktionen zum Einsatz. Spaten gibt es in unterschiedlichen Qualitäten und Ausführungen. Ein guter Spaten sollte einen stabilen und an die Größe des Gärtners angepassten Eschenstiel besitzen. Je größer, um so schwerer wird das Gerät, und die mit einem großen Spatenblatt abgestochene Erdmasse erhöht das Gewicht zusätzlich.

Grabegabel

Die Grabegabel verwendet man zum Ausgraben aller Wurzelgemüse einschließlich der Kartoffeln und ist beim Umsetzen des Kompostes im Einsatz. Sie wird auch, insbesondere im Frühjahr und Sommer, zum Bodenlockern verwendet. Die Arbeit mit der Grabegabel ist wesentlich einfacher als mit dem Spaten, da die Zinken sich leichter in den Boden einstechen lassen. Beim Werkzeugkauf sollten Sie auf eine stabile Ausführung achten.
Mein Tipp: kaufen Sie zusätzlich eine günstige Ausführung für den Kompost, die Sie dann am Kompostplatz stehen lassen können und die dort jederzeit zur Hand ist.

Kultivator, Handgrubber

Der Kultivator wird immer dann eingesetzt, wenn vor der Aussaat der Boden gründlich gelockert werden muss. Das gilt auch für die Bearbeitung der Bodenschollen im Frühjahr. Der Kultivator lockert den Boden bis zu einer Tiefe von etwa 8 cm und zerkleinert grobe Schollen. Es gibt ihn in unterschiedlichen Breiten und mit einer variierenden Anzahl von Zinken. Breite Geräte haben eine große Arbeitsbreite, erfordern aber insbesondere bei schweren Böden einen größeren Kraftaufwand.

Krail

Der Krail findet aufgrund seiner vielseitigen, effektiven und Boden schonenden Einsatzmöglichkeiten immer mehr Anhänger. Die gebogenen Zinken lockern den Boden bis auf eine Tiefe von 10 cm. Er „arbeitet“ somit etwas tiefer als der Kultivator und verlagert dabei kein Bodenmaterial. Der Krail wird gern zum Bodenlockern verwendet, wenn nur auf einer kleineren Beetfläche neu bepflanzt oder ausgesät werden soll.

Harke

Die Harke kommt als letzter Arbeitsgang zum Herstellen eines feinkrümeligen Saatbeetes zum Einsatz. Nützlich ist die Harke auch zum Schließen der Saatreihen (Harkenrücken) und zum Abharken. Harken gibt es in unterschiedlichen Arbeitsbreiten, eine mittlere Breite von 30 bis 40 cm ist als Erstausstattung sinnvoll.

Reihenzieher

Der Reihenzieher markiert die Reihen, in die anschließend gesät oder auch gepflanzt werden soll.

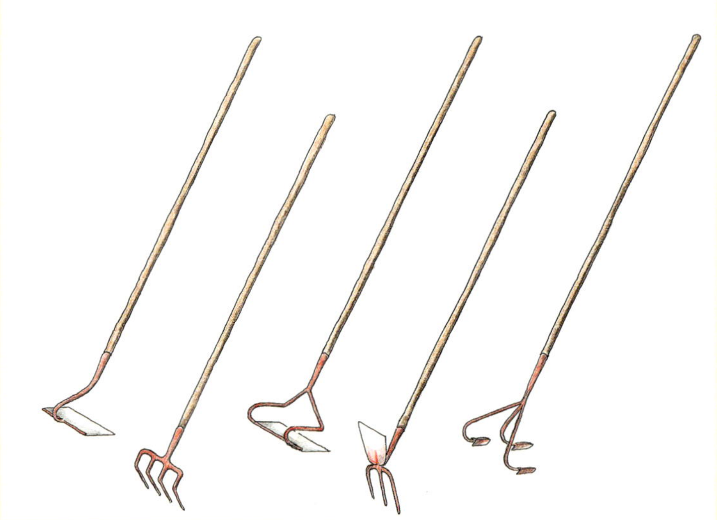

Schlaghacke, Krail, Ziehhacke, „Wendehacke“, Kultivator (v.l.n.r.)

Der Reihenabstand kann mit den verstellbaren Zinken exakt eingerichtet werden. Die Reihentiefe bestimmen Sie mittels des ausgeübten Druckes auf das Gerät. Der Reihenzieher ist insbesondere bei größeren Gemüsegärten ein hilfreiches Gerät.

Hacken

Hacken sind wichtig für alle Pflegearbeiten auf den Beeten. Mit Hacken werden Unkräuter beseitigt, die Bodenoberfläche gelockert und die Pflanzen angehäufelt. Grundsätzlich gibt es Schlag- und Ziehhacken. Es bietet sich an, Hacken in verschiedenen Breiten vorrätig zu haben, damit bei unterschiedlichen Reihenabständen ein optimales Arbeiten möglich ist. Grundsätzlich müssen Sie auf ein scharfes Blatt achten; für rückengerechtes Arbeiten sollte der Stiel mindestens 1,60 m lang sein.

Fächerbesen, Rechen

Mit Fächerbesen säubern Sie Beete, Rasen- und Wegflächen. Beim Fächerbesen sind die Blechstreifen fächerartig angeordnet. Wie eng die Bleche beieinander liegen, können Sie bei hochwertigen Fächenbesen einstellen.

Gartenschnur

Mit der Gartenschnur stecken Sie die Beete ab und markieren gerade Reihen. Die Gartenschnur können Sie problemlos selbst herstellen: Befestigen zwischen zwei etwa 50 cm langen, unten angespitzten Rundhölzern eine Schnur in der Länge der Beete. Zum Aufbewahren wird die Schnur um ein Holz gewickelt.

Gut gepflegtes Gartenwerkzeug erleichtert die Arbeit.

Handschaufel

Mit der Handschaufel graben Sie Pflanzlöcher, um Ihre Gemüsepflanzen mit Wurzelballen in die Erde zu setzen. Auch hier sollten Sie beim Kauf auf eine stabile und möglichst rostfreie Ausführung achten.

Pflanzholz

Mit dem Pflanzholz werden die Pflanzlöcher für Pflanzen vorbereitet, die aus dem Saatbeet kommen und noch keinen größeren Wurzelballen haben.

Gießkanne

Gießkannen besitzen einen abnehmbaren Brausekopf, den Sie nach Bedarf aufsetzen oder abnehmen können. Es gibt Kannen aus Metall oder Plastik. Die Metallausführung ist im Vergleich zur Plastikvariante langlebiger und sieht angenehm nostalgisch aus. Allerdings kann sie mit Wasser gefüllt und über weitere Strecken transportiert sprichwörtlich „ins Gewicht“ fallen. Auf dem Markt befinden sich 5- und 10-Liter-Kannen; wählen Sie unabhängig vom Material eine Größe, die Sie noch bequem tragen können.

Sieb, Körbe, Eimer, Schubkarre

Der Kompost sollte, wenn er nicht mit der Gründüngung auf das Land gebracht wird, von allen groben und nicht verrotteten Holzteilen befreit werden, bevor er auf die Beete verteilt wird. Hierfür eignet sich ein **Sieb**, das Sie praktischerweise gleich auf die Schubkarre legen können. Die Maschenweite sollte etwa 15 × 15 mm betragen. Für die Gartenarbeit benötigen Sie außerdem **Körbe** und **Eimer** und für den größeren Garten eine **Schubkarre** zum Transportieren.

Nahrung für die Pflanzen

Bei den Nährstoffen unterscheidet man zwischen den Hauptnährstoffen Stickstoff, Phosphor, Kalium, Schwefel, Magnesium und Kalzium und den Spurennährstoffen Eisen, Mangan, Zink, Kupfer, Molybdän und Bor. Auf die wichtigsten Hauptnährstoffe soll hier näher eingegangen werden.

Stickstoff fördert das Blatt- und Triebwachstum und ist ein wesentlicher Baustein der Eiweißverbindungen. Ein Mangel äußert sich in gelblichen Blättern im unteren und inneren Bereich der Pflanze. Außerdem bleiben die Pflanzen klein, und die Ernte fällt gering aus. Bei Stickstoffüberschuss kommt es zu verstärktem Blatt- und Triebwachstum, die Blüten- und Fruchtbildung leidet, und Schädlinge können verstärkt auftreten. Darüber hinaus kommt es bei manchen Pflanzen zur Einlagerung von Stickstoff in Form von Nitrat, was insbesondere bei dem Verzehr von Spinatpflanzen zur gefürchteten Nitritvergiftung führen kann. Überflüssige Stickstoffmengen werden ausgewaschen, ins Grundwasser verlagert und tragen zur Nitratbelastung unseres Trinkwassers bei.

Phosphor ist ein wichtiger Baustein für die Blüten-, Samen- und Fruchtbildung. Phosphormangel wird durch eine verzögerte Blütenbildung und eine Grau- bis Blaufärbung der Blätter erkennbar. Eine Überdüngung äußert sich in allgemeinen Wachstumsstörungen.

Kalium regelt den Wasserhaushalt, festigt das Gewebe, erhöht die Frosthärte und stärkt die allgemeine Abwehrkraft. Bei Kaliummangel werden die Blätter vom Rand her braun und trocknen ein. Zuviel Kalium kann zu Wachstumshemmungen führen, zumal ein erhöhtes Kaliumangebot die Aufnahmefähigkeit für andere Nährstoffe einschränkt.

Kalzium fördert als Pflanzennährstoff die Festigkeit des Gewebes. Kalzium beeinflusst ganz entscheidend den pH-Wert des Bodens (siehe Seite 9).

Düngemittel für den Biogarten

Im biologischen Gemüseanbau kommen keine mineralischen Düngemittel zum Einsatz, da sie meist einen Nährstoff oder eine bestimmte Nährstoffkombination beinhalten. Hier verwendet man organische Düngemittel mit einem in der Regel breit gefächerten Nährstoffangebot. Sie setzen ihre Nährstoffe langsam, zum Teil über Jahre hinweg, frei. Der Biogarten erfordert daher eine langfristige Planung, da Sie einen Boden mit einem hohen Humusgehalt aufbauen müssen, der kontinuierlich die Nährstoffe für die Pflanzen bereitstellen kann. Gleichzeitig sind Mangelerscheinungen einzelner Spurenelemente nahezu ausgeschlossen.

Die Grundlage der Düngung im Garten sollte der Kompost sein. Durch regelmäßige Kompostgaben bekommt der Boden alle notwendigen Haupt- und Spurennährstoffe zugeführt. Der Kompost gibt die Nährstoffe kontinuierlich an die Pflanzen ab und verbessert darüber hinaus die Bodenstruktur, da sich bei regelmäßigen Gaben der Humusgehalt konstant erhöht. Neueste Untersuchungen belegen außerdem, dass mit Kompost gedüngte Pflanzen nicht so anfällig für Schädlinge sind.

CHECKLISTE

Kompost- und Jaucheplatz

Was Sie bei Ihrem Kompostplatz beachten sollten:

- ☐ Für eine problemlose Kompostierung der Abfälle ist ein halbschattiger Platz wünschenswert, der zudem noch durch Gehölze vor dauernden Niederschlägen geschützt wird.
- ☐ Der Kompostplatz sollte nicht im letzten Winkel des Gartens versteckt werden. Alle in Küche und Garten anfallenden Abfälle müssen zum Kompostplatz gebracht und der Kompost später im Garten wieder verteilt werden.
- ☐ Es sollten mindestens zwei, besser drei Sammelbehälter mit ausreichendem Volumen vorhanden sein. Die Größe der Sammelbehälter richtet sich nach der Menge an anfallenden organischen Abfällen. Faustzahlen: etwa 1 m^3 Gartenabfälle pro 100 m^2 intensiv genutzter Gartenfläche und etwa 1 m^3 Küchenabfälle bei vier Personen pro Jahr.
- ☐ Vor den Sammelbehältern sollte genügend Platz für weitere Arbeiten vorhanden sein, beispielsweise für das Durchsieben des Kompostes.
- ☐ Der einmal eingerichtete Kompostplatz sollte nach Möglichkeit über Jahre hinweg am gleichen Ort bleiben, da sich die Boden- und Mikroorganismen in dem darunter liegenden Boden ansiedeln.

Darüber hinaus sollten Sie die Kompostgaben durch den regelmäßigen Anbau von Gründüngungspflanzen in der Fruchtfolge ergänzen. Nur für die so genannten Starkzehrer sind zusätzliche Düngemittel wie Mist, Hornspäne oder Rizinusschrot erforderlich. Das Pflanzenwachstum können Sie noch durch Gießen mit Brennnessel-Jauche unterstützen, die den Pflanzen schnell verfügbare Nährstoffe, Gewebe festigende Substanzen und Spurenelemente zuführt. Generell gilt bei der Düngung: Viel hilft nicht unbedingt viel!

Kompost – die Grundlage der Düngung

Der Kompost ist ein hervorragender Bodenverbesserer und ein Düngemittel. Immer wieder beobachtet man, dass die im Garten anfallenden „Grünabfälle" in irgendwelchen Gartenecken gelagert werden oder in der Komposttonne verschwinden. Dabei lassen sich alle im Garten anfallenden organischen Abfälle mit wenigen Handgriffen durch den faszinierenden Prozess der Kompostierung dank der Aktivität von Millionen von Boden- und Mikroorganismen in wertvollen Kompost umwandeln.

Wie Kompost entsteht

Bei der Kompostierung wird organisches Materialien durch die Aktivität der Boden- und Mikroorganismen um- und abgebaut. Sie zerlegen organische Abfälle mit Hilfe von Sauerstoff und Wasser in elementare Bestandteile. Das Endprodukt der zersetzten und umgebauten organischen Substanz ist dann der dunkle, feinkrümelige Kompost. Dieser enthält alle Nährelemente, die die Pflanzen zum Wachsen und Blühen benötigen, und reichert den Boden mit Humus an.

Da die Boden- und Mikroorganismen nur bei einem ausreichenden Nahrungsangebot, bei ausreichend Sauerstoff und bei einer angemessenen Feuchtigkeit „arbeiten" können, ist es wichtig, sowohl grüne frische und holzige trockene Abfälle gemeinsam zu kompostieren. In dieser Mischung enthalten die grünen frischen Abfälle die leicht zersetzbaren Nährstoffe sowie den notwendigen Wassergehalt für die Boden- und Mikroorganismen. Die holzigen trockenen Abfälle sorgen aufgrund ihrer Sperrigkeit für die notwendige Luftzufuhr und verhindern damit auch einen zu hohen Wassergehalt im Haufen.

Sobald organische Abfälle nicht als Mischung aufgebracht werden, kommt der Kompostierungsprozess ins Stocken. Dieses äußert sich folgendermaßen:

Eine Ansammlung holziger trockener Abfälle bietet ein **geringes Nahrungsangebot** für die Mikroorganismen, und die Zersetzung läuft deutlich langsamer ab. Ein reiner Holzhaufen aus Baum- und Strauchschnitt braucht zum Beispiel für die vollständige Zersetzung bis zu zehn Jahre.

Ein Haufen aus ausschließlich frischen grünen Abfällen führt schnell zu einem zu **hohen Wassergehalt** im Komposthaufen, und der von den Mikroorganismen benötigte Sauerstoff steht nicht ausreichend zur Verfügung. Die Abfälle können nicht verrotten, sondern beginnen zu gären. Die mit der Vergärung verbundenen Gerüche sind äußerst unangenehm. In diesem Fall müssen Sie den Haufen umsetzen und dabei sperrige, strukturgebende Abfälle unter die vergorenen Abfälle mischen, um den Gärprozess zu stoppen.

Die Kehrseite ist ein zu **geringer Wassergehalt** im Kompost. Werden ausschließlich sehr trockene Abfälle auf den Kompost gegeben oder wird den Abfällen durch Wärmeentwicklung im Kompost Feuchtigkeit entzogen, kommt die Kompostierung zum Erliegen. Die trockenen Abfälle werden von Mikroorganismen nicht zersetzt, sondern konserviert, wie es zum Beispiel bei der Heugewinnung aus Gras bewusst genutzt wird. In diesem Fall müssen die Abfälle gewässert werden.

Zwei Kompostbehälter und fertiger Kompost.

Kompost herstellen Schritt für Schritt

- Die holzigen Abfälle müssen auf etwa 10 cm Länge gekürzt werden und sollten nicht mehr als fingerdick sein.
- Sinnvollerweise sollten Sie grüne, frische Abfälle und holzige, trockene Abfälle gleich vermischt auf den Kompost bringen. Die Arbeit rund um den Kompost wird deutlich erleichtert,

Der fertige Kompost wird je nach Verwendungszweck verschieden fein durchgesiebt.

wenn von den beiden Abfallgruppen immer etwas zur Verfügung steht. Stimmen Sie auch Ihre Gartenarbeit auf die anschließende Kompostierung der Abfälle ab.

• Über dieses Gemisch aus trockenen und frischen Abfällen streuen Sie ab und zu eine Schaufel Kompost, Erde oder die beim Absieben des Kompostes verbleibenden Grobteile. Hierdurch werden die organischen Abfälle mit den Boden- und Mikroorganismen geimpft, die die Zersetzung bewerkstelligen.

• Das im Laufe der Vegetationszeit aufgeschichtete Material darf nicht höher als 1,20 m sein. Wenn diese Höhe erreicht ist, muss der Kompost mit einer letzten Schicht Erde oder Kompost abgeschlossen werden. Im Winter sollten Sie den Kompost mit einer ausgedienten Folie oder Matte überdecken, damit kein weiteres Niederschlagswasser in den Komposthaufen eindringt. Durch diese Maßnahme unterstützen Sie gleichzeitig die Wärmeentwicklung im Kompost.

• Nach etwa drei Monaten oder nach der Winterpause, etwa Ende Mai, sind die Abfälle auf ungefähr zwei Drittel des ursprünglichen Volumens zusammengesackt. Jetzt ist der Zeitpunkt zum Umsetzen des Kompostes gekommen. Beim Umsetzen können Sie gleich den Rotteprozess beurteilen und eventuelle Fehler aufdecken.

Der umgesetzte Kompost ruht weitere drei bis sechs Monate, bis alle Abfälle endgültig zersetzt sind.

• Etwa ein Jahr vergeht, bis die organischen Abfälle zu Kompost verrottet sind. Im fertigen Kompost ist von den ursprünglichen organischen Abfällen nichts mehr zu erkennen. Alle Tiere, die an dem Umbau beteiligt waren, wie zum Beispiel der Regenwurm und Tausendfüßler, haben sich aus dem fertigen Kompost zurückgezogen.

• Wann und in welchen Mengen Sie Ihren Kompost im Gemüsegarten ausbringen, wird bei der Beschreibung der Arbeitsabläufe für die einzelnen Beete erklärt. Bei der Ausbringungsmenge müssen Sie die Düngewirkung des Kompostes beachten. Vor der Verteilung können Sie den Kompost gegebenenfalls durchsieben. Die Siebreste durchlaufen die Kompostierung noch einmal. Den fertigen Kompost können Sie im gesamten Garten einschließlich der Rasenflächen verteilen.

Kompostier-Hilfen, Zusatzmittel

Kompostier-Hilfen enthalten Bakterienkulturen und Nährsubstrate. Diese Mikroorganismen sind für die Kompostierung wichtig, sie werden am besten und auch am preiswertesten durch bereits verrotteten Kompost in den Haufen gebracht. Beachten Sie: Probleme bei der Kompostierung aufgrund einer ungünstigen Zusammensetzung der organischen Abfälle oder fehlerhafter Kompostführung lassen sich auch mit Kompostzusätzen nicht beheben!

Düngewirkung

Kompost ist reich an organischer Substanz (Humus), Kalk und allen für das Pflanzenwachstum erforderlichen Nährstoffen. Durch den hohen Anteil an organischer Substanz ist der Kompost ein optimales Bodenverbesserungsmittel, da er den Humusgehalt steigert und das Bodenleben fördert. Darüber hinaus können Sie Kompost auch als Dünger einsetzen, wobei gewisse Schwankungen je nach Ausgangsmaterial möglich sind.

Wenn auf eine Fläche eine 1 cm dicke Kompostschicht verteilt wird, entspricht das 10 l/m^2 bzw. 1 m^3 je 100 m^2. Ein Kubikmeter erdfeuchter Kompost hat ein Gewicht von etwa 600 kg (bei 50 % Trockengewicht und 0,6 % Volumengewicht) und beinhaltet 3 kg Stickstoff. Im Gegensatz zu anderen organischen Düngemitteln (siehe Seite 23) verteilt sich die Stickstofffreisetzung aus dem Kompost über mehrere Jahre. Im ersten Jahr werden etwa 20 % freigesetzt, und somit steht den Pflanzen eine Stickstoffmenge von 600 g je 100 m^2 (60 kg/ha) zur Verfügung.

Nährstoffgehalt von Kompost

	Stickstoff*	Phosphor*	Kalium*	Kalzium*	Magnesium*
Kompost	1,0	0,6 bis 0,8	1 bis 1,5	1,4	7,5

* Angaben in % der Trockenmasse

„Abfall" im Garten gibt es nicht!

Grasschnitt

In Gärten mit großen Rasenflächen fehlt zum Mischen meist eine ausreichende Menge an holzigen, trockenen Abfällen. Geben Sie den Rasenschnitt ungemischt auf den Kompost, bilden sich dicke Matratzen, die sich später nur schwer zerkleinern lassen. Dazu besteht noch die Gefahr einer einsetzenden Vergärung mit einem unangenehmen, fauligen Geruch, der Fliegen anzieht. Das lässt sich durch folgende Maßnahmen verhindern:

- Halten Sie für die Kompostierung des Rasenschnittes ausreichende holzige, trockene Abfälle bereit, zum Beispiel Heckenschnitt, Stroh, Holzhäcksel oder ähnliches.
- Bevor Sie den Rasenschnitt zusammenharken, sollte er einige Stunden anwelken und erst dann auf den Kompost kommen. Der Wassergehalt hat sich auf diese Weise schon deutlich reduziert.
- Bei regelmäßigem Rasenmähen fällt die Menge an Rasenschnitt geringer aus, und er kann auf der Fläche liegen bleiben. Nach spätestens zwei Tagen ist von dem Rasenschnitt nichts mehr zu sehen, und die Kompostierung erübrigt sich.
- Führen Sie eine Flächenkompostierung durch, indem Sie den Rasenschnitt als dünne Mulchschicht im Garten ausbringen. So verrottet er direkt auf den Beeten und Sie können ihn anschließend unter die Gartenerde mischen.

Laub

Im Herbst fällt in Gärten mit großen und vielen Bäumen Laub in so großen Mengen an, dass der Kompostplatz diese Mengen nicht fasst oder sofort voll wäre. Hier bieten sich folgende Lösungen an:

- Füllen Sie das trockene Laub in eine entleerte Regentonne und decken Sie sie ab, so dass kein Wasser eindringen kann. Im Laufe des Winters können Sie dann dieses Laub zum Abdecken der Küchenabfälle auf dem Kompost verwenden.
- Bauen Sie einen Laubkompost. Hierzu schichten Sie das Laub in einen Komposter oder bauen eine Miete bis zu einer Höhe von 1,20 m auf. Streuen Sie auf eine etwa 10 cm hohe Laubschicht eine Schaufel voll Kompost. Anschließend müssen Sie diesen Laubkompost durch eine Folie vor Niederschlag schützen. Im Frühjahr ist der Laubkompost deutlich in sich zusammengesackt. Das angerottete Laub können Sie als Mulchmaterial insbesondere für Rhododendren und Azaleen verwenden oder mit den frischen Grünabfällen im Frühjahr noch einmal kompostieren.

Fallobst

Alles anfallende Fallobst kann im Prinzip kompostiert werden. Sie müssen es aber gut mit holzigen trockenen Abfällen mischen und dürfen es nur in dünnen Lagen auf den Kompost bringen, da sonst die Vergärung einsetzt.

Unkräuter

Es gibt einige Samen und Wurzeln von Unkräutern, die im Gartenkompost sehr schlecht oder gar nicht verrotten. Leider lässt es sich aber nicht immer vermeiden, dass Samen tragende Unkräuter anfallen und diese mit anderen organischen Abfällen auf den Kompost gebracht werden. Deshalb wird in diesem Buch die Anwendung des Kompostes so gestaltet, dass die wuchsfreudigen Unkräuter nicht zu einem Problem werden. Samen tragende Unkräuter sollten Sie immer in die Mitte des Kompostes geben, da dort die Wärmeentwicklung am höchsten ist und sie eventuell abgetötet werden. Die Wurzeln von Ackerwinde sollten Sie nicht auf dem Kompost entsorgen. Andere Wurzelunkräuter wie Giersch oder Quecke verrotten beim Kompostieren.

Gemüseabfälle – ideal für den Kompost.

Kompost ausbringen

Kompost dürfen Sie generell nur oberflächlich ausbringen und nicht untergraben oder in großen Mengen in Pflanzlöcher geben. Wenn der Kompost unter einer Erdschicht begraben liegt, ist er von der Sauerstoffzufuhr abgeschlossen, und die Verrottungsprozesse können nicht weiter ablaufen. Statt dessen siedeln sich Pilze auf dem Material an, die die Pflanzenwurzeln schädigen. Bei der Verwendung von Kompost als Bodenverbesserer hat der Gärtner mit zwei Problemen zu kämpfen:

- Kompost enthält trotz der Wärmeentwicklung im Inneren und trotz der ablaufenden Rotteprozesse noch Unkrautsamen, der auf den Beeten aufläuft und eine Konkurrenz zu den Kulturpflanzen darstellt.
- Kompost bietet den Stickstoff liebenden Pflanzen wie Vogel-Miere (*Stellaria media*) und Kleiner Brennnessel (*Urtica minor*) gute Wachstumsbedingungen.

Daher ist es nicht sinnvoll, Kompost auf die Vorzuchtbeete oder zwischen die Aussaat zu geben, sondern ihn immer nur zwischen herangewachsenen Pflanzen zu verteilen. Hier werden die keimenden Unkräuter meist von den größeren Kulturpflanzen unterdrückt oder lassen sich leicht entfernen.

Die Gründüngung

Bei einer „Gründüngung“ werden Pflanzen angebaut, die schnell wachsen, viel Grünmasse erzeugen und den Boden intensiv durchwurzeln. Die als Gründüngung ausgesäten Pflanzen werden nicht geerntet, sondern dienen der Bodenverbesserung. Sie sollten die Gründüngung immer dann einsetzen, wenn die Beetfläche nicht von Kulturpflanzen besetzt ist oder ein neues Stück Land als Gartenland umbrochen wird. Mit Hilfe einiger robuster Gründüngungspflanzen können Sie die zur Verfügung stehende Vegetationszeit von März bis November besser nutzen.

Phacelia

Bitterlupine

Esparsette

Vorteile der Gründüngung

- Die Gründüngungspflanzen erschließen auch die in tieferen Bodenschichten gelegenen Nährstoffe, die dann später den Gemüsepflanzen zur Verfügung stehen.
- Durch die Gründüngung wird der Boden mit den Pflanzen bedeckt. Diese Bodenbedeckung verhindert das Auswaschen der Nährstoffe und ein Keimen der Unkräuter. Bringen Sie gleichzeitig Kompost auf das Beet aus, werden die keimenden Unkräuter von der Gründüngung unterdrückt und die aus dem Kompost frei werdenden Nährstoffe von den Gründüngungspflanzen aufgenommen.
- Setzen Sie Leguminosen als Gründüngungspflanzen ein, profitieren die Kulturpflanzen von deren Fähigkeit, über Knöllchenbakterien Stickstoff aus der Luft zu binden und dem Boden zuzuführen.
- Mit dem Einsatz von Gründüngungspflanzen haben Sie die Möglichkeit, Pflanzenfamilien einzusetzen, die nicht als Gemüsepflanzen angebaut werden. Hierdurch können Sie Krankheiten oder Schädlinge wie Kohlhernie oder Nematoden unterbinden, die für einzelne Gemüsearten typisch sind. Ein weiterer Vorteil: Die anderen Familien zugehörigen Gründüngungspflanzen erschließen auch andere Spurenelemente im Boden als die Kulturpflanzen.

Gründüngung sinnvoll einsetzen

Sie können die Gründüngung als **Vorsaat** vor dem Anbau der Hauptkultur ausbringen. Das bietet sich bei Gemüsepflanzen an, die erst nach den Eisheiligen ausgesät oder ausgepflanzt werden dürfen. So nutzen Sie die Vegetationszeit von März bis Mitte Mai. Vor der Aussaat oder dem Auspflanzen der Hauptkultur hacken Sie die Gründüngung ab, kompostieren sie oder lassen sie auf dem Beet als Mulch liegen.
Die am meisten praktizierte Form der Gründüngung ist die Aussaat als **Nachsaat** nach der Ernte der Gemüsepflanzen. Entsprechend der noch verbleibenden Vegetationszeit können Sie die unterschiedlichen Gründüngungspflanzen einsäen.
Der Vollständigkeit halber soll die **Untersaat** nicht unerwähnt bleiben. Im Gemüseanbau mit Mischkultur kommt die Untersaat nicht zum Einsatz, aber bei Dauerkulturen im Obstanbau ist sie inzwischen nicht mehr wegzudenken.
Allgemein müssen Sie die Gründüngung in ein gut vorbereitetes Saatbeet aussäen. Dafür lockern Sie den Boden mit der Grabegabel oder dem Kultivator und ebnen ihn mit der Harke ein. Sie streuen den Samen gleichmäßig über die Fläche und harken ihn anschließend ein. Statt des Einharkens können Sie auch reifen, ungesiebten Kompost in einer dünnen Schicht überstreuen. Verwendet Sie im Gemüsegarten eine Gründüngung, die während des Winters abfriert und deren Reste Sie im Frühjahr nur noch abharken müssen. Die winterharten Gründüngungspflanzen wachsen zwar an den warmen Tagen im Herbst und Frühjahr weiter, lassen sich im Frühjahr aber nur schwer und mühsam einarbeiten. Sie dürfen die Gründüngung nicht zu tief in den Boden einarbeiten, da die Pflanzen zum Verrotten Sauerstoff benötigen und ansonsten im Boden verfaulen würden. Zu flach dürfen Sie sie aber auch nicht einarbeiten, da sie sonst immer weiter wachsen würden.

AUF EINEN BLICK

Gründüngungspflanzen und ihre Eigenschaften

Pflanzenfamilie Pflanzenart	**Saatzeit**	**Saatmenge**	**Winterhärte**	**Eigenschaften**
Kreuzblütler Gelbsenf (*Sinapis alba*)	ab März bis Mitte September	6 bis 10 g/m²	nein	schnell keimend und wachsend, feine verzweigte Wurzeln
Ölrettich (*Raphanus sativa* var. *oleiformis*)	April bis September	4 bis 6 g/m²	ja	sehr tief reichende Pfahlwurzel, sehr gut für verdichtete Böden
Winter-Raps (*Brassica napus*)	September	4 bis 6 g/m²	ja	wächst auch an milden Wintertagen
Leguminosen Lupine, gelb/blau (*Lupinus luteus/angustifolius*)	April bis Mai	20 bis 30 g/m²	nein	Stickstoffsammler, tiefe Durchwurzlung und ausgeprägte Pfahlwurzel
Persischer Klee (*Trifolium resupinatum*)	Mai bis Juni	4 bis 6 g/m²	nein	Stickstoffsammler, breite Durchwurzlung
Inkarnatklee (*Trifolium incarnatum*)	Mai bis Juni oder Ende Juli bis Anf. September	4 bis 8 g/m²	ja	Stickstoffsammler, Bodendecker im zweiten Jahr
Sommerwicken (*Vicia faba*)	April oder bis Mitte September	20 g/m²	nein	Stickstoffsammler, bildet schwache Pfahlwurzeln, aber viele Nebenwurzeln
Wasserblattgewächs Büschelschön, Bienenfreund (*Phacelia*-Arten)	März bis Anfang September	2 bis 4 g/m²	nein	Blüten sind Nektarspender für viele Insekten, bildet viel Feinwurzelmasse
Gräser Roggen (*Secale cereale*)	März bis November	16 bis 20 g/m²	ja	viel Wurzelmasse, günstig vor Wurzelgemüse
Korblütler Ringelblumen (*Calendula officinalis*)	März bis Juli	5 bis 8 g/m²	nein	Wurzelmasse vertreibt Nematoden
Gänsefußgewächs Spinat (*Spinacia oleracea*)	März bis September	10 bis 12 g/m²	ja	gilt als Saponinspender (Pflanzenwuchsstoff, der die Aufnahmefähigkeit der im Boden vorhandenen Nährstoffe fördert); bildet viel Wurzelmasse

Organische Handelsdünger

Im Garten benötigen die so genannten Starkzehrer mehr Nährstoffe, als ihnen in der Regel der Kompost im Garten zur Verfügung stellen kann. Dann müssen Sie auf die im Fachhandel angebotenen organischen Düngemittel zurückgreifen. Diese sollten Sie vor der Aussaat oder der Auspflanzung oberflächlich in den Boden einarbeiten.

Mist von Haustieren

Frischen Mist sollten Sie nicht auf die Beete ausbringen, sondern erst als Miete aufsetzen und zur Rotteförderung mit reifem Kompost vermischt etwa ein halbes Jahr reifen lassen. So gehen die Nährstoffe nicht verloren und sie können von den Pflanzen besser aufgeschlossen werden. Diesen gut verrotteten Mist kann man dann im Frühjahr den Starkzehrern zuführen.

Pflanzenjauchen

Alle Pflanzen und tierischen Düngemittel können mit Wasser zu Jauche vergoren werden. Diese Jauchen sind in der Regel stickstoffhaltig und stellen den Pflanzen kurzfristig Nährstoffe zur Verfügung.

Am bekanntesten ist die **Brennnessel-Jauche**. Hierzu werden Brennnesseln, möglichst vor der Samenreife, in einem Eimer mit Wasser zum Verjauchen angesetzt. Als Faustzahl für die Menge gilt etwa 1 kg Pflanzenmaterial auf 10 l Wasser. Die Verjauchung dauert je nach Temperatur und Wetter etwa fünf bis zehn Tage. Leider riecht die Brennnessel-Jauche sehr unangenehm. Durch die Zugabe von Holzasche oder Gesteinsmehl wird der Geruch etwas gedämpft. Die Brennnessel-Jauche darf nie unverdünnt, sondern nur im Verhältnis 1:10 mit Wasser verdünnt an die Pflanzen gegossen werden.

Pflanzenjauche herstellen

Statt Brennnesseln können Sie auch aus **Beinwell** (*Symphytum officinalis*) eine Pflanzenjauche nach dem gleichen Rezept herstellen. Diese Jauche ist kalireich und wirkt insbesondere bei Tomatenpflanzen.

Einfach herzustellen ist auch eine **Kompostjauche.** Dazu wird etwa 1 kg Kompost mit 10 l Wasser zum Verjauchen angesetzt. Nach etwa zehn Tagen können Sie die

Nährstoffgehalte verschiedener organischer Handelsdünger

	Stickstoff*	Phosphor*	Kalium*	Kalzium*	Magnesium*
Guano	10,0	6,0	2,0 bis 2,5	-	1,0
Hornspäne	10,0 bis 14,0	5,0	-	-	-
Holzasche	-	2,0 bis 4,0	6,0 bis 10,0	30,0 bis 35,0	-
Rizinusschrot	5,0	2,5	1,5	-	-
Rapsschrot	5,0	2,0	1,0	-	-

Nährstoffgehalte verschiedener Mistarten

	Stickstoff*	Phosphor*	Kalium*	Kalzium*	Magnesium*
Hühnermist (trocken)	2,0 bis 5,0	2,0 bis 5,0	2,0 bis 3,0	7,0 bis 14,0	2,0 bis 3,0
Pferdemist (frisch)	0,5	0,2 bis 0,3	0,4	0,2	-
Rindermist (frisch)	0,4 bis 0,6	0,2	0,4 bis 0,5	0,4 bis 0,5	0,2

* Nährstoffgehalte Angaben in % Trockenmasse

AUF EINEN BLICK

Jauchen, Brühen, Tees und Kaltwasserauszüge

Es gibt eine Fülle von Pflanzen, die schädlingsabwehrende oder pilz- und keimhemmende Inhaltsstoffe besitzen. Die Pflanzen können frisch oder getrocknet nach unterschiedlichen Verfahren so aufbereitet werden, dass die Inhaltsstoffe in Lösung gehen. Bewährt haben sich folgende Verfahren:

Jauche:
Die kleingeschnittenen Pflanzen werden in ein Gefäß (kein Metall) gegeben und mit Wasser aufgefüllt. Diese Mischung beginnt nach zwei bis drei Tagen zu vergären und ist, je nach Witterung, nach etwa zwei Wochen fertig. Diese Jauche kann man den ganzen Sommer über als Pflanzenstärkungsmittel aufbringen. Die halb vergorene, „beißende" Jauche (nach vier Tagen gebrauchsfertig) wird zur Schädlingsbekämpfung eingesetzt, die vergorene Jauche ist ein Dünge- und Pflanzenstärkungsmittel.

Brühe:
Zerkleinerte Pflanzen weicht man in der je nach Pflanzenart vorgegebenen Menge für 24 Stunden in Wasser ein. Dieser Ansatz wird anschließend aufgekocht und muss für eine halbe Stunde auf kleiner Flamme sieden. Die abgekühlte Brühe siebt man durch und kann sie als Spritzbrühe ausbringen oder gießen.

Tee:
Frische oder getrocknete Pflanzen werden mit kochendem Wasser überbrüht, ziehen für 10–15 Minuten und werden dann abgesiebt.

Kalter Auszug:
Frische oder getrocknete Pflanzen legt man für maximal 24 Stunden zum Ziehen in kaltes Wasser, ohne dass sie zu gären beginnen. Vor dem Gebrauch siebt man den Auszug ab.

1 *Schachtelhalm;* **2** *Rhabarber;* **3** *Wurmfarn;* **4** *Rainfarn*

dunkelbraune Jauche verdünnt zur allgemeinen Stärkung der Pflanzen verwenden. Diese Jauchen werden als Dünge- und Pflanzenstärkungsmittel angewendet und tragen zu einem gesunden Pflanzenwachstum mit einer meist hohen Widerstandskraft gegen Schädlinge bei. Diese Jauchen dürfen nicht mit den Auszügen, Tees und Brühen aus den unterschiedlichsten Pflanzen verwechselt werden, die gezielt zur Bekämpfung von Krankheiten und Schädlingen eingesetzt werden.

Tabelle Pflanzenjauchen

AUF EINEN BLICK

Pflanze	Menge (für 10 l Wasser)	Art der Zubereitung	Verwendung	Tipps
Ackerschachtelhalm (ganze Pflanze)	1 kg frisch 150 g getrocknet	Brühe Jauche	Pilzkrankheiten Spinnmilben, Blattläuse,	bei Pilzinfektionen Brühe 3 Tage hintereinander anwenden
Brennnessel (ganze Pflanze ohne Samen)	1 kg frisch oder 100 g–200 g getrocknet	Kalter Auszug „beißende" Jauche (1:50 verdünnt nach 4 Tagen)	Blattläuse Blattläuse und Milben	Mischung mit Ackerschachtelhalm steigert die Wirkung
Farnkraut (Adlerfarn, Wurmfarn)	1 kg frisch 100 g getrocknet	Jauche (1:10 verdünnt) Brühe (unverdünnt)	Schild-, Blatt-, Blutläuse Rostbefall	unverdünnte Jauche wirkt auch gegen Schnecken
Knoblauch (gehackte Zehen)	75 g 500 g	Tee (unverdünnt, 24 Std. ziehen lassen) Jauche (1:10 verdünnt)	Pilzkrankheiten Pilzkrankheiten Möhrenfliege (unverdünnt)	hilfreich vor allem bei Kartoffeln, Gurken und Erdbeeren, kann auch mit Zwiebeltee oder Jauche gemischt werden
Rainfarn (blühende Pflanzen)	300–500 g frisch 30 g getrocknet	Tee (unverdünnt) Brühe (1:2 verdünnt)	Milben Erdbeer-, Brombeermilben, Himbeerkäfer, Blattwespen	toxische Inhaltsstoffe, Brühe darf nicht von Kindern aufgenommen werden
Rhabarber (nur die Blätter)	1,5 kg frisch	Brühe (unverdünnt) Tee (unverdünnt)	Blattläuse Lauchmotte	mindestens dreimal hintereinander anwenden
Wermut (blühende Triebspitzen)	300 g frisch 30 g getrocknet 200–500 g	Tee (1:3 verdünnt) Brühe (unverdünnt) Jauche (unverdünnt)	Blattläuse, Apfelwickler Kohlweißlinge, Brombeer- und Erdbeermilbe Blattläuse, Säulenrost an Johannisbeeren, Raupen, Ameisen	gegen Säulenrost im Frühjahr anwenden
Zwiebel (Schalen)		Jauche (unverdünnt) Tee (unverdünnt)	Braunfäule Tomaten, Knollenfäule Kartoffeln Grauschimmel, Möhrenfliege, Pilzerkrankungen	wirkt kräftigend gegen Pilzkrankheiten

Vom Samen zur Pflanze

Das Heranziehen der Pflanzen aus Samen gliedert sich in mehrere Abschnitte, wie es der Übersicht unten zusammengefasst ist. Im Einzelnen gehen Sie in der Zeit, wenn Sie Ihren Wohnraum zum „Behelfs-Gewächshaus“ umfunktionieren, folgendermaßen vor:

Vorzucht Anfang März auf der Fensterbank

Die ersten Pflanzen, die für den Hausgarten ausgesät werden, sind Tomaten, Paprika und Sellerie. Insbesondere für die Wärme liebenden Tomaten und Paprika reicht unsere kurze, frostfreie Vegetationszeit vom Mitte Mai bis Mitte September zur Entwicklung der Pflanze bis zum Ausreifen der Früchte nicht aus, und so muss die Natur überlistet werden. Sollen die Tomaten für die Freilandpflanzung Mitte Mai eine ausreichende Größe und die ersten Blütenrispen besitzen, müssen Sie mit der Vorzucht Anfang März beginnen. Eine frühere Anzucht ist ohne Gewächshaus nicht empfehlenswert, da die Pflanzen dann Anfang Mai zum Geilwuchs neigen. Später ausgesäte Pflanzen sind Mitte Mai noch nicht weit genug entwickelt.

Für die Vorzucht auf der Fensterbank hat sich ein kleines Minigewächshaus bewährt. In die etwa 7 cm hohe Plastikschale wird Anzuchterde gefüllt. Wer unkrautfreien und zwei Jahre ausgereiften Kompost zur Verfügung hat, kann auch hierauf zurückgreifen und den Kompost mit einem Teil Sand mischen. Die Tomaten- und Paprikasamen werden im Abstand von 1 cm auf das Substrat gelegt und anschließend leicht mit Erde abgedeckt. Versuchen Sie doch einmal, verschiedene Sorten von Tomaten (siehe Sortenübersicht Seite 98/99) heranzuziehen – das bringt neben optischer Vielfalt auch geschmackliche Variationen!

Beim Sellerie hat sich aufgrund der besonders langen Keimzeit eine Vorzucht auf der Fensterbank bewährt. Der sehr feine Selleriesamen wird oberflächlich dünn auf die Anzuchterde gestreut und leicht angedrückt. Das vorbereitete Saatgut wird mit

Zeitliche Abfolge der Pflanzenanzucht

AUF EINEN BLICK

Zeit	Ort	Pflanzen
Anfang März	auf einer Fensterbank mit viel Sonne	Tomaten und Paprika, Salat, Kohlrabi, Sellerie
Anfang bis Mitte März	Mistbeet, kaltes Gewächshaus	Sommersalat, Kohlrabi, früher Lauch, früher Brokkoli, Spitzkohl, Sommerblumen, z.B. Sommerastern oder Schmuckkörbchen
Anfang April	Blumenkästen und Blumentöpfe, die im Mistbeet, Frühbeet oder kalten Gewächshaus stehen	Mais, Gurken, Zucchini, Kürbis
Mitte April	auf dem Vorzuchtbeet im Freiland	späte Kohlrabi, Rosenkohl, Winterlauch, Sommersalat, Weiß- und Rotkohl, Wirsingkohl, Grünkohl (erst ab Mitte Mai), zweijährige Blumen
nach dem 21. Juni bis Ende Juni	auf dem Vorzuchtbeet im Freiland	Winterendivien, Wintersalat, Radicchio, Chinakohl, Zuckerhut, Kohlrabi

„Minigewächshaus" für die Fensterbank.

einer Wasserspritze befeuchtet und anschließend mit einer Folienhaube abgedeckt. Diese „Minigewächshäuser" stellen Sie auf eine sonnige Fensterbank mit möglichst viel Licht. Einmal wöchentlich müssen Sie das Saatgut mit Wasser besprühen, bis das erste Grün erscheint.

Ende März sind die Tomaten und Paprikapflanzen so weit gewachsen, dass die Keimblätter voll entwickelt sind. Jetzt müssen Sie die Pflanzen versetzen, also pikieren. Das Pikieren der Pflanzen erfolgt entweder in einzelne Töpfe oder in Behältnisse, aus denen sich die Pflanzen später in den Garten leicht und ohne Schäden am Wurzelballen entnehmen lassen. Als Pflanzerde können Sie jetzt auch Komposterde zusammen mit normaler Gartenerde (1:1) verwenden. Beim Pikieren werden die Tomatenpflänzchen mitsamt dem kompletten Wurzelballen mit Hilfe eines Holzstäbchens entnommen und so tief in die vorbereiteten Gefäße gesetzt, dass nur noch die Keimblätter zu sehen sind. Der bei den Tomaten ausgebildete kleine Stängel verschwindet in der Erde. Anschließend beschriften Sie die Pflanzen und gießen alles vorsichtig an. Die pikierten Tomaten- und Paprikapflanzen stellen Sie entweder wieder auf die Fensterbank oder, wenn vorhanden, in ein Frühbeet oder Gewächshaus. Vorerst wachsen die Pflanzen noch recht zaghaft, aber ab Ende April müssen Sie fast täglich gießen. Ab diesem Zeitpunkt vertragen die Pflanzen das geöffnete Fenster. Wichtig für einen problemlosen Übergang ins Freiland ist, dass die Pflanzen eher gedrungen bleiben und auch nicht zu warm gehalten werden. Mitte Mai werden die Tomaten- und Paprikapflanzen an den vorgesehenen Platz im Freiland (siehe Seite 93 f., Tomatenbeet) gesetzt. Auch hier setzen Sie die Tomatenpflanzen bis über die erste Blattachse hinaus in den Boden.

TIPP

Richtig aussäen

Legen Sie sicherheitshalber die doppelte Anzahl an Samen aus, wie Pflanzplätze im Garten vorhanden sind. So haben Sie immer eine kleine Reserve. Denken Sie an das eindeutige Beschriften Ihres Saatgutes – so können Sie sowohl die einzelnen Gemüsearten als auch verschiedene Sorten einer Art auseinander halten.

Vorzucht Anfang bis Mitte März in Mistbeet, Frühbeet oder kalten Gewächshaus

Im Mist-, Frühbeet oder kalten Gewächshaus können Sie ab Anfang März Sommersalat, Kohlrabi, frühen Lauch, frühen Brokkoli, Spitzkohl und auch einjährige Sommerblumen wie Sommerastern (*Callistephus*) oder Schmuckkörbchen (*Cosmos*) vorziehen. Wenn noch Platz im Beet ist, sollten Sie auch ein paar Dillpflanzen aussäen – ein Genuss zum ersten frischen Salat!

Vorgezogene Gemüsepflanzen im Gewächshaus.

Eine Hälfte des Frühbeets sollten Sie für die ersten Salat- und Kohlrabipflanzen nutzen, die andere Hälfte für die Pflanzenaufzucht. Für die Aussaat ziehen Sie senkrechte Reihen mit 10 cm Abstand, wobei die letzten 15 cm am Kopfende des Frühbeetes frei bleiben. In diese Reihen säen Sie für die erste Freilandpflanzung unter Folie (siehe Seite 73 ff., „Indianerbeet") Salat, Kohlrabi, Brokkoli und Spitzkohl dünn aus und beschriften alles. Sobald sich bei Kohl- und Salatpflanzen die ersten voll entwickelten Blätter zeigen, vereinzeln Sie sie auf 1 bis 2 cm Abstand in der Reihe. Ab Anfang April können diese Pflanzen im Folientunnel auf dem Beet weiter wachsen. Neben den Gemüsepflanzen können auch weitere Sommerblumen ausgesäen, z.B. Sonnenblumen (*Helianthus annuus*), Malven (*Althaea*) oder Studentenblumen (*Tagetes*).

Vorzucht Anfang April in Kästen und Töpfen im Mistbeet, Frühbeet oder im kalten Gewächshaus

Die Wärme liebenden Mais-, Gurken-, Zucchini- und Kürbispflanzen bekommen in kühleren Regionen einen kleinen Vorsprung, wenn sie im Frühbeet vorgezogen werden. Für Gurken und Mais können Sie Balkonkästen mit einem Kompost-Erdgemisch füllen, in die Sie den Samen mit 5 cm Abstand versetzt legen und etwas andrücken. Die Zucchini- und Kürbissamen werden in Töpfe, jeweils ein Same pro Topf, gelegt. Die Blumenkästen und Töpfe kommen an das frei gelassene obere Kopfende des Frühbeetes. So ist der Platz des Frühbeetes optimal ausgenutzt. Außer regelmäßigem Gießen und Lüften des Frühbeetes bei Sonnenschein benötigt dieses Beet keine besondere Pflege. Mitte Mai haben die Pflanzen das erste „echte" Blatt nach den Keimblättern ausgebildet und können in den Garten verpflanzt werden.

Vorzucht Mitte April auf dem Vorzuchtbeet

Für die Vorzucht der Spätkohlpflanzen für den Herbst und Winter, von Winterlauch, Sommersalat und zweijährigen Blumen benötigen Sie kein Frühbeet oder Gewächshaus. Der Bedarf und die Sortenauswahl von Spätkohl (späte Kohlrabi, Brokkoli, Rosenkohl, Weiß- Rotkohl, Wirsingkohl und Grünkohl) richten sich nach den persönlichen Essgewohnheiten.

Die zweijährigen Blumen, etwa Vergissmeinnicht (*Myosotis*), Nelken (*Dianthus*) und Glockenblumen (*Campanula*), werden gleich Mitte April mit ausgesät, auch wenn der Aussaattermin auf den Samentüten ein späteres Datum empfiehlt. Die Pflanzen werden im ersten Jahr größer und können im Herbst problemlos verpflanzt werden.

Lockern Sie das Substrat des Vorzuchtbeetes mit dem Kultivator und richten Sie anschließend mit der Harke ein feines Saatbeet her. Der Reihenabstand auf dem Vorzuchtbeet beträgt 15 cm. In diese Reihen werden die Samen dünn gestreut und mit dem Harkenrücken geschlossen. Zu dicht stehende Pflanzen müssen Sie auf einen Abstand von etwa 3 cm zueinander vereinzeln. Ab Ende Mai können Sie die Pflanzen auf ihren endgültigen Standort pflanzen.

Vorzucht nach dem 21. Juni bis Ende Juni auf dem Vorzuchtbeet

Sie wollen Herbst- und Wintersalate, Winterendivien, Wintersalat, Fenchel, Radicchio, Chinakohl und Zuckerhut – bei Bedarf auch noch einmal Kohlrabi für die Herbsternte – aussäen? Hier müssen Sie folgendes beachten: Die späten Gemüsearten müssen nach dem 21. Juni, dem längsten Tag des Jahres, ausgesät werden. Die Pflanzen leiten sonst in Abhängigkeit von der Tageslänge die generative Phase, also die Samenbildung ein. Damit diese Pflanzen möglichst viel Blattmasse entwickeln können, sollen sie in der vegetativen Phase verharren.

Die Pflanzen können Sie alle auf das Vorzuchtbeet säen, da die Mitte April ausgesäten Pflanzen mit Ausnahme der Grünkohl- und Lauchpflanzen sowie der zweijährigen Sommerblumen bis Ende Juni das Beet geräumt haben. Lockern Sie den Boden mit dem Kultivator etwas und säen Sie die Salat- und Kohlsamen in die vorbereiteten Reihen aus.

Endivien werden bis Ende August ausgepflanzt. Endivien stehen gut in Mischkultur mit Erdbeeren, Rosenkohl und Grünkohl. Endivien vertragen ebenso wie Chinakohl und Zuckerhut leichte Fröste bis etwa –3 °C im Freiland. Bei milden Wintern kann man frischen Endivien bis Weihnachten ernten. Setzen Sie zur Sicherheit ein paar Pflanzen in das etwas geschütztere Frühbeet. Chinakohl und Zuckerhut bilden mit zunehmender Entwicklung eine Pfahlwurzel aus und vertragen dann ein Verpflanzen nicht mehr. Daher sollten Sie die Pflanzen im Jungstadium umsetzen. Sie können aber auch auf dem Vorzuchtbeet stehen bleiben, da das Beet in diesem Jahr nicht mehr benötigt wird.

Vorbereitung für die Aussaat.

Vorgezogene Kohlpflanzen setzen.

Unkräuter – Beikräuter – Heilkräuter

Viele klassische Unkräuter sind im Biogarten sehr willkommen, sind sie doch in Form von Tees oder Jauchen nützliche Helfer beim Gemüseanbau. Darüber hinaus sind einige Kräuter essbar und bereichern unseren Speiseplan mit ihren meist sehr vitamin- und mineralstoffreichen Blättern. Manche Kräuter kann man auch als Heilkräuter anwenden.
Zwischen den Kulturpflanzen auf Gemüsebeeten sind die meisten Pflanzen unerwünscht, da sie für die Gemüsepflanzen eine Konkurrenz um Platz, Licht, Nährstoffe und Wasser darstellen.

Unkräuter erkennen

Sie haben Ihr Beet sorgfältig hergerichtet, die Samen in die Reihen gesät und gewissenhaft geschlossen. Und schon nach wenigen Tagen erscheinen die ersten grünen Pflänzchen. Was ist nun was? Die unerwünschten Beikräuter als Keimling von den eigentlichen Kulturpflanzen zu unterscheiden, ist anfangs nicht so einfach. Hier muss man manchmal einen erfahrenen Gärtner zu Rate ziehen.
Man kann zwei Hauptgruppen von meist unerwünschten Kräutern unterscheiden:

- Mehrjährige Wurzelunkräuter vermehren sich auf vegetativen Weg über Wurzelausläufer, Ableger oder wurzelnde Triebspitzen. Zu ihnen zählen: Acker-Kratzdistel, Acker-Winde, Große Brennnessel, Kriechender Hahnenfuß, Giersch, Quecke, Schachtelhalm.
- Samenunkräuter verbreiten sich durch ihre Samen. Zu diesen Unkräutern zählen: Vogel-Miere, Kreuzkraut, Kleine Brennnessel, Löwenzahn, Melde, Franzosenkraut, Erdrauch.

Wurzelunkräuter sind wesentlich hartnäckiger und deshalb schwieriger zu bekämpfen als Samenunkräuter.

Ackerwinde

Giersch

Unkräuter als Zeigerpflanzen

Unkräuter sind nicht nur lästig. Viele dieser Wildpflanzen zeigen dem Gärtner durch ihre Anwesenheit an, wie es um die Bodenbeschaffenheit, den Nährstoffgehalt und die Feuchtigkeit seines Gartens bestellt ist.

• **Stickstoffreichen, humosen Boden** mögen die häufig Garten auftauchenden Unkräuter wie Vogel-Miere, Melde, Franzosenkraut und Hirtentäschel.

• **Feuchte, schwere Böden** mit Verdichtungen erkennt man an Beinwell, Breit-Wegerich, Gänseblümchen, Gänse-Fingerkraut, Kriechendem Hahnenfuß, Löwenzahn, Quecke und Scharbockskraut.

• **Staunasse Böden** werden von Wiesenschaumkraut, Pestwurz, Kuckucks-Lichtnelke und Acker-Schachtelhalm besiedelt.

• **Kalkmangel im Boden** zeigen Hunds-Kamille, Sauer-Ampfer, Hederich und Stiefmütterchen.

• **Stickstoffarme Böden** werden von Acker-Schachtelhalm, Echtem Labkraut, Margerite und Wiesenknopf bevorzugt.

Unkräuter entfernen

Die Unkräuter sind eine Konkurrenz für die Kulturpflanzen. Sie entziehen dem Boden Wasser und Nährstoffe und machen den Kulturpflanzen Licht und Raum streitig. Deshalb sollte man die Unkräuter rechtzeitig entfernen oder ihnen durch eine regelmäßige Bodenbearbeitung erst gar keine Entwicklungschance geben. Hacken Sie zwischen den Reihen regelmäßig, dann entfällt das mühsame Unkrautjäten. Durch die Hackarbeit wird der Boden zusätzlich noch gelockert und die Verdunstung des Bodenwassers in die Luft verringert, da man so die Bodenkapillaren unterbricht. Innerhalb der Reihen muss man möglichst früh, meist gleichzeitig mit dem Vereinzeln, die Störenfriede auszupfen.
Hartnäckige Wurzelunkräuter kann man durch eine dunkle Folie eindämmen. Die Folie spannt man im Frühjahr über die Beetfläche. Die Wurzelunkräuter treiben aus, erhalten dann aber nicht genügend Licht und gehen ein. Eine andere Methode besteht darin, die Beetfläche mit der Grabegabel durchzuarbeiten und die Wurzeln herauszusuchen. Hierbei übersieht man allerdings meist einige Wurzelteile, aus denen gleich wieder neue Pflanzen entstehen können.
Um gar nicht erst einen hohen Unkrautbewuchs aufkommen zu lassen, sollten Sie die Beete während der gesamten Vegetationszeit mit Gemüsepflanzen oder Gründüngung bepflanzen. Ein regelmäßiger Bewuchs der Gartenbeete unterdrückt Unkräuter mehr als man glauben mag!
Auf den Einsatz von Herbiziden sollten Sie in Ihrem Hausgarten verzichten. Aufgrund der neuen Pflanzenschutzgesetzgebung, die seit Juli 2001 in Kraft getreten ist, haben Hobbygärtner ohnehin nicht mehr viele Möglichkeiten, Unkrautvernichtungsmittel im Haus- und Kleingarten einzusetzen.

Franzosenkraut

Vogel-Miere

Gut geplant ist halb gewonnen

Sie wollen mit den ersten warmen Frühlingstagen voller Tatendrang in Ihrem Gemüsegarten werkeln? Zuvor sollten Sie sich grundlegende Gedanken zur Einteilung der Beete, zur Auswahl und zur Kombination der einzelnen Gemüsearten machen. Hier erhalten Sie alle wichtigen Informationen, die solch einem Anbauplan zugrunde liegen. Als Hilfestellung stellen wir Ihnen ab der Seite 44 ein bewährtes Konzept vor, das je nach Belieben von Ihnen umgesetzt, ausgebaut oder modifiziert werden kann.

Fruchtfolge und Mischkultur planen

Ein Anbauplan beschreibt, wo und wann welche Pflanzen angebaut werden sollen. Er umfasst sowohl die langjährige Aufeinanderfolge der Pflanzen auf den Beeten (Fruchtfolge) als auch den Wechsel und das Nebeneinander verschiedener Gemüsepflanzen innerhalb der Vegetationszeit (Mischkultur).

Ziel dieses Anbauplanes ist es, den Gemüseanbau so zu gestalten, dass die Pflanzen optimale Wachstumsbedingungen haben, der Schädlingsbefall gering gehalten und ein gutes Ernteergebnis mit bis zu zwei Ernten pro Beet garantiert wird. Gleichzeitig soll die Gemüseanbaufläche bestmöglich genutzt, der Arbeitsaufwand möglichst minimiert und die Bodenfruchtbarkeit ständig verbessert werden.

Voraussetzung für die Zusammenstellung eines Anbauplans sind Kenntnisse über die unterschiedlichen Eigenschaften der einzelnen Gemüsepflanzen, die alle aufeinander abgestimmt sein müssen (siehe Seite 35 ff.). Natürlich müssen Sie auch Ihren persönlichen Bedarf und die besonderen Vorlieben für einzelne Gemüsearten in dieser Planung berücksichtigen.

Die Fruchtfolge beachten

Unter einer Fruchtfolge versteht man den jährlichen Wechsel der Gemüsepflanzen auf einem Beet, wobei diesem Wechsel ein mehrjähriger Rhythmus zugrunde liegen sollte. Aus folgenden Gründen müssen Sie eine mehrjährige Fruchtfolge der angebauten Kulturen einhalten:

- Bei einer jahrelangen Monokultur kommt es zu einem einseitigen Nährstoffentzug und es stellt sich eine so genannte Bodenmüdigkeit ein, durch die sich die Erträge spürbar verringern.

Üppig wachsende Mischkultur im Hausgarten.

• Bestimmte Schädlinge haben sich auf einzelne Pflanzen oder Pflanzenfamilien spezialisiert und manifestieren sich im Boden (z. B. Kohlhernie bei allen Kreuzblütlern, Kartoffel-Nematoden bei Kartoffeln).
• Ausscheidungen durch die Pflanzenwurzeln können für die nachfolgenden Pflanzen wachstumshemmend wirken.

Es gibt unter den im Gemüsegarten angebauten Pflanzen nur zwei Pflanzen, die dafür bekannt sind, dass sie mit sich selbst verträglich sind und meist jahrelang am gleichen Standort angebaut werden können: Tomaten und Stangenbohnen. Alle anderen Gemüsepflanzen dürfen im Folgejahr nicht auf dem gleichen Standort angebaut werden. Die meisten Gemüsepflanzen dürfen Sie frühestens nach vier Jahren wieder am gleichen Standort anbauen.

Pflanzen in Mischkultur anbauen

Neben der zu beachtenden langjährigen Fruchtfolge im Gemüsegarten ist es darüber hinaus sinnvoll, auf jedem Beet nicht ausschließlich eine Gemüseart heranzuziehen, sondern verschiedene Pflanzen miteinander zu kombinieren. Durch Mischkultur können die positiven Wirkungen mancher Pflanzen untereinander genutzt werden. Darüber hinaus werden die Nährstoffe im Boden durch den Wechsel von Flach- und Tiefwurzlern besser erschlossen. Obendrein erreicht man bei einer geschickten Mischkultur einen ganzjährigen Bewuchs der Beete und eine deutliche Steigerung des Gemüseertrages. Hier ist eine sorgfältige Kenntnis und Auswahl der passenden Pflanzpartner wichtig, da es auch negative Wirkungen gibt, durch die sich Pflanzen gegenseitig hemmen oder unterdrücken.

Inwieweit sich Pflanzen aus verschiedenen Familien untereinander sowohl positiv als auch negativ beeinflussen, ist bisher nicht für alle Pflanzen bis ins Detail erforscht. Hier gilt es, auch eigene Erfahrungen zu sammeln und in die Gartenplanung miteinfließen zu lassen.

Eigenschaften der verschiedenen Gemüsepflanzen

Um einen Anbauplan zu erstellen, ist es wichtig, die speziellen Eigenschaften der einzelnen Gemüsepflanzen zu kennen. Dazu gehören die Kenntnisse über den Nährstoffbedarf, die Wachstumszeiten und den entsprechenden Platzbedarf der Pflanzen. Alle diese speziellen Eigenschaften der einzelnen Gemüsepflanzen sind in dem Kulturkalendarium (Übersicht auf Seite 108 ff.) zusammengefasst.

Unterschiedlicher Nährstoffbedarf

Unsere Gemüsepflanzen haben sehr unterschiedliche Ansprüche an die Nährstoffversorgung. Man unterscheidet zwischen Starkzehrern (Pflanzen mit einem hohen Düngebedarf), Mittelzehrern (Pflanzen mit mäßigen Ansprüchen) und Schwachzehrern (Pflanzen mit geringen Ansprüchen an die Nährstoffversorgung). Zu den letzteren werden meist die Schmetterlingsblütler (Leguminosen) gezählt, die aufgrund ihrer Fähigkeit zur Stickstoffbindung eine Extragruppe bilden. Früher wurden die Gartenbeete nach dem Nährstoffbedarf der einzelnen Pflanzen in drei ver-

Optimal ausgenutzte Beetfläche in einem Gemüsegarten.

schiedene Beete eingeteilt und entsprechend jedes Jahr gewechselt. Heute fließen weitere spezielle Eigenschaften der Gemüsepflanzen in die Anbauplanung mit ein.

Zugehörigkeit zu den Pflanzenfamilien

Die im Gemüsegarten angebauten Pflanzen gehören unterschiedlichen Pflanzenfamilien an. Mit der Zugehörigkeit zu einer Pflanzenfamilie sind auch bestimmte Eigenschaften verbunden. So haben sich bestimmte Schädlinge und Krankheiten oft auf die Mitglieder einer Familie spezialisiert. Beispielsweise locken die Inhaltsstoffe (Senfölglykoside) der Kreuzblütler den Kohlweißling an, der hier seine Eier ablegt und dessen Raupen sich von den Blättern ernähren. Die Zuordnung zu den einzelnen Pflanzenfamilien entnehmen Sie ebenfalls der Übersicht auf Seite 108 ff.

Unterschiedliche Wachstumszeiten

Der günstige Aussaat- oder Auspflanzzeitpunkt und dementsprechend die Vegetationszeit ist bei den einzelnen Gemüsepflanzen sehr unterschiedlich. Die entsprechenden Daten können Sie dem bereits erwähnten Kulturkalendarium entnehmen. Hier sind die Zeiten zum Aussäen, Auspflanzen und der Erntezeitraum für jede Gemüsepflanze angegeben. Da es sich hierbei nur um Durchschnittswerte handeln kann, muss jeder die klimatischen Verhältnisse in seinem Garten und die aktuellen Witterungsverhältnisse beobachten und die Angaben entsprechend modifizieren. Darüber hinaus wird auch durch gezielte Pflanzenzüchtung jede Pflanze weiter entwickelt und hinsichtlich bestimmter Eigenschaften verändert. So gibt es dank Züchterbemühungen Früh- und Spätmöhren oder Kurztag- und Langtag-Radieschen.

Platzbedarf der verschiedenen Gemüsepflanzen

Den Platzbedarf jeder einzelnen Gemüsepflanze müssen Sie bei der Planung unbedingt berücksichtigen. Zu dicht stehende Pflanzen behindern sich gegenseitig und bringen nicht die gewünschten Erträge. Zu weit auseinander stehende Pflanzen nutzen die Beetfläche nicht optimal und ermöglichen Unkräutern gute Wachstumschancen. Daher sollte der im Kulturkalendarium auf Seite 108 ff. angegebene Platzbedarf für die einzelnen Gemüsepflanzen berücksichtigt werden. Da dieser Raum nicht von Beginn an benötigt wird, ist in der Übersicht auch der Zeitpunkt angegeben, ab wann der gesamte Platz von der jeweiligen Pflanze in Anspruch genommen wird. Diese Unterschiede in der Entwicklungsdauer können Sie gezielt beim Zusammenpflanzen verschiedener Gemüsearten nutzen.

Flach- und Tiefwurzler

Pflanzen konkurrieren nicht nur in dem für uns sichtbaren Bereich über der Erde um einen günstigen Standort miteinander, sondern machen auch unter der Erde ihre Platzansprüche geltend. So sollten Sie den „Wurzeltyp" einer Pflanze bei der Planung des Gemüsegartens berücksichtigen. Unter den Gemüsepflanzen gibt es Vertreter, die tief wurzeln, um auch noch Nährstoffe aus tiefer gelegenen Bodenschichten zu holen und den Boden für spätere Pflanzengenerationen aufzuschließen. Andere Pflanzen wurzeln vorwiegend in der Oberbodenschicht. Insbesondere einige Gründüngungspflanzen bilden ein tiefes und weit verzweigtes Wurzelsystem aus. Diese verwendet man daher gerne als Pionierpflanzen bei neu angelegten Gärten.

Belange des Gemüsegärtners

Bei einer optimalen Gestaltung der Fruchtfolge mit Mischkultur unter Berücksichtigung aller hier angeführten Kriterien dürfen Sie die individuellen Vorlieben für einzelne Gemüsepflanzen und den persönlichen Bedarf natürlich nicht vergessen. Sie sollten außerdem die Bodenverbesserung durch Zwischensaaten mit Gründüngung vorsehen und die Bodenbearbeitung möglichst Kräfte schonend und arbeitserleichternd gestalten.

Einteilung der Pflanzen nach ihrem Nährstoffbedarf

AUF EINEN BLICK

Leguminosen	Schwachzehrer	Mittelzehrer	Starkzehrer
Dicke Bohnen	Feldsalat	Zwiebeln	Zucchini
Erbsen	Kräuter	Knoblauch	Weißkohl
Buschbohnen		Möhren	Rotkohl
Stangenbohnen		Rote Bete	Wirsingkohl
		Fenchel	Blumenkohl
		Spinat	Rosenkohl
		Schwarzwurzeln	Kartoffeln
		Radieschen	Gurken
		Kohlrabi	Sellerie
		Salate	Kürbis
		Brokkoli	Tomaten
		Pastinaken	

Der Anbauplan im Überblick

Die Fruchtfolge beginnt mit dem Kartoffelbeet, gefolgt von dem Wurzel-, Bohnen- und dem „Indianerbeet“, so genannt wegen der typischen indianischen Nahrungspflanzen wie Mais und Bohnen. Der Erdbeeranbau wird in diese Fruchtfolge integriert, so dass frühestens nach vier Jahren, bei Einbeziehung der Erdbeeren erst nach sieben Jahren die gleichen Früchte wieder auf das gleiche Beet kommen. Wer zusätzlich noch ein Beet für Kräuter und die Pflanzenvorzucht einrichtet, erhöht die Fruchtfolge entsprechend. In dieser Übersicht sind die Beete nach ihrer Hauptkultur benannt. Da der Anbauplan sich die positive Wirkung der Mischkultur zunutze macht, wachsen noch weitere Gemüsepflanzen auf den Beeten. Der Aufbau und die Zusammensetzung der einzelnen Gemüsebeete wird ab der Seite 52 ff. beschrieben. Nachfolgend geben wir Ihnen einen Überblick über den Ablauf dieser Fruchtfolge mit Mischkultur. Die ausführliche Beschreibung der auf den einzelnen Beeten anfallenden Arbeiten erfolgt in den entsprechenden Abschnitten. Auf den Buchdeckel-Innenseiten vorne und hinten befindet sich ein übersichtlicher Jahresplaner.

1. Jahr: Kartoffelbeet mit Dicken Bohnen, Nachkultur: Lauch und Grünkohl

Im ersten Jahr stehen Frühkartoffeln mit Dicken Bohnen auf einem Beet. Beide Kulturen müssen zum frühestmöglichen Termin, am besten Anfang bis Mitte April, in die Erde. Die Kartoffeln erhalten eine größere Gabe von gut verrottetem Kompost. Die im Kompost enthaltenen Nährstoffe werden von den Kartoffeln benötigt und die Düngewirkung hält auch noch bei den nachfolgenden Kulturen an. Gleichzeitig haben eventuell keimende Unkräuter aus dem Kompost bei Kartoffeln keine Chance, da sie durch das Anhäufeln zerstört und durch die Wuchskraft der Kartoffeln unterdrückt werden.

Übersicht über die Fruchtfolge

AUF EINEN BLICK

	1. Jahr	2. Jahr	3. Jahr	4. Jahr
1. Beet	Kartoffelbeet	Wurzelbeet	Bohnenbeet	Indianerbeet
2. Beet	Wurzelbeet	Bohnenbeet	Indianerbeet	Kartoffelbeet
3. Beet	Bohnenbeet	Indianerbeet	Kartoffelbeet	Wurzelbeet* Erdbeeren
4. Beet	Indianerbeet	Kartoffelbeet* Erdbeeren	Erdbeeren	Erdbeeren
5. Beet	Erdbeeren	Erdbeeren	Erdbeeren	Erdbeeren* Wurzelbeet
6. Beet	Erdbeeren	Erdbeeren* Kartoffelbeet	Wurzelbeet	Bohnenbeet

* Wenn zwei Erdbeerbeete mit drei Erdbeerreihen in die Fruchtfolge integriert werden, muss in jedem zweiten Jahr ein Gemüsebeet geteilt werden. Dieses lässt sich nur in einem großen Garten mit vier Erdbeerbeeten und insgesamt sechs Erdbeerreihen vermeiden. Zur Beeteinteilung siehe auch Zeichnung Seite 44.

Buschbohnen und späte Kohlpflanzen des Bohnenbeetes (s. S. 40).

Die Dicken Bohnen gehören zu den Leguminosen und reichern den Boden mit Stickstoff an. Die Ernte beider Kulturen ist Anfang bis Mitte Juli abgeschlossen. So bleibt auf dem gesamten Beet noch Zeit, um Lauch und Grünkohl zu pflanzen. Die Kartoffeln hinterlassen einen guten, lockeren und durch die Kompostgaben auch noch mit Nährstoffen angereicherten Boden, in den sich die Rillen für Lauch auch auf schweren Böden problemlos ziehen lassen. Zwischen die Lauchreihen wird Grünkohl gepflanzt. Der schlanke Lauch und der breit wachsende Grünkohl ergänzen sich in ihren Wuchsformen, und beide bleiben bis in den Winter auf den Beeten. Die letzten Lauchpflanzen werden erst im Frühjahr geerntet, bevor die Möhren ausgesät werden.

2. Jahr: Wurzelbeet mit Möhren, Pastinaken, Schwarzwurzeln, Roten Beten und Steckzwiebeln bzw. Feldsalat

Im zweiten Jahr werden auf dieses abgeerntete Beet im April alle Wurzelgemüse, also Möhren, Pastinaken, Schwarzwurzeln, Rote Bete und Steckzwiebeln, gesät bzw. gesteckt. Der Boden ist durch die Vorfrucht Kartoffel in der Regel ausreichend tief gelockert, die Möhren werden durch den Lauch als Vorfrucht gegen die Möhrenfliege geschützt, und der Boden hält nach den ausgiebigen Kompostgaben für Kartoffeln, Lauch und Grünkohl noch ausreichend Nährstoffe bereit. Das ist ausgesprochen wichtig, da sich frische Düngegaben ungünstig auf die Möhren auswirken. Frisch ausgebrachter Kompost ist für die langsam keimenden Gemüsepflanzen gleich in zweifacher Hinsicht nachteilig: seine noch nicht vollständig umgesetzten Abbauprodukte wirken hemmend auf Saatgut und Jungpflanzen, außerdem unterdrücken die meist mit dem Gartenkompost aufkommenden Unkräuter das Wachstum der zarten Pflänzchen.

Die Mischkultur Möhren mit Zwiebeln schützt bekanntermaßen vor der Möhren- bzw. Lauchfliege. Die Steckzwiebeln zwischen den Schwarzwurzeln und Pastinaken nutzen den im Frühjahr bis Frühsommer vorhandenen Platz auf den Beeten, da sich diese Kulturen sehr langsam entwickeln und sie die gesamte Beetfläche erst ab dem Sommer benötigen. Dieses Beet erhält frühestens nach der Zwiebelernte eine kleine Kompostgabe an die Möhren. Hierdurch erhalten die Möhren für die späte Wachstumsphase ausreichende Nährstoffe. Gleichzeitig vermeiden Sie durch das Anhäufeln mit Kompost die Ausbildung grüner Köpfe bei den Möhren. Die Möhrenernte zum Einkellern erfolgt Ende September, und in günstigen Lagen kann noch Feldsalat auf die geräumte Reihe gesät werden. Die Schwarzwurzeln und Pastinaken sind frostunempfindlich und werden im Laufe des Winters, spätestens jedoch vor dem neuen Austrieb im Frühjahr, geerntet. Das Wurzelbeet ist in Bezug auf den Nährstoffhaushalt ein so genanntes „abtragendes“ Beet. Die darauf wachsenden Wurzelgemüse sind alle Mittelzehrer. Um es wieder mit Nährstoffen anzureichern, wird es im folgenden Frühjahr mit einer Gründüngung und anschließend mit Leguminosen bestellt.

3. Jahr: Bohnenbeet, Nachkultur: Spätkohl (Rosenkohl, Brokkoli, Wirsingkohl), Wintersalat (Spinat, Feldsalat)

Nach der Ernte der letzten Schwarzwurzeln und Pastinaken Ende März säen Sie auf das Beet eine schnell wachsende Gründüngung, Senf oder Bienenweide (*Phacelia*). In die wachsende Gründüngung hacken Sie im Mai die Reihen für die Bohnen frei oder Sie hacken Mitte Mai die gesamte Gründüngung um. Die Gründüngung verrottet als Mulch zwischen den Bohnenreihen. Wenn Sie dann Anfang oder Mitte Juni die Kohlpflanzen pflanzen, ist von der ehemaligen Gründüngung fast nichts mehr übrig.

Um ihren hohen Nährstoffbedarf zu decken, erhalten die Kohlpflanzen eine großzügige Gabe Kompost ins Pflanzloch und werden im Sommer nach der Buschbohnenernte mit Kompost angehäufelt. Später profitieren sie von dem Stickstoff, der über die Bohnen als Stickstoffsammler in den Boden gelangt ist. Die mit der Bohnenernte frei gewordenen Flächen zwischen den Kohlpflanzen nutzen Sie für die Aussaat von Feldsalat oder Spinat. Die Wintersalate verbleiben über den Winter auf den Beeten, auch der Spätkohl wird zum Teil erst im Laufe des Winters geerntet.

4. Jahr: „Indianerbeet“ mit Stangenbohnen, Mais, Zucchini, Gurken, Radieschen, Salat, Frühkohl

Alle Spätkohlarten und auch der Feldsalat sind bis Anfang April abgeerntet, sodass dann in der Mitte dieses Beetes ein Mist- oder Kompostgraben für die Gurken und Zucchini vorbereitet werden kann. Diese Rille ist notwendig, da der Nährstoffgehalt im Boden trotz der Vorfrucht Bohnen für diese starkzehrenden Pflanzen nicht ausreicht. Da Sie die Gurken aufgrund ihrer Wärmebedürftigkeit erst im Mai legen oder pflanzen dürfen, können Sie den Platz des Beetes zuvor für Radieschen, Rettich, Salat, Kohlrabi und Frühkohl nutzen und das Wachstum dieser Pflanzen durch einen Folientunnel beschleunigen.

Die ersten Salat- und Kohlrabipflanzen auf den Beeträndern sind Anfang bis Mitte Mai abgeerntet, und hier können dann auf der einen Seite Mais und auf der anderen Seite Stangenbohnen wachsen. Die Beetmitte wird nach der Ernte der Frühkulturen ganz von den Zucchini und Gurkenpflanzen eingenommen. Zwischen der hohen Randbepflanzung entwickelt sich ein gutes geschütztes Mikroklima für diese Wärme liebenden Kulturen.

Alle Früchte dieses Beetes sind spätestens Mitte September abgeerntet, und so bleibt noch Zeit für eine Gründüngung mit Leguminosen. Diese hat vor den ersten stärkeren Frösten den Boden gut durchwurzelt, mit Stickstoff angereichert und eine gute Bodengare für die im folgenden Jahr hier wachsenden Kartoffeln hinterlassen. Die-

Ernte im Erdbeerbeet.

se kommen dann im 5. Jahr wieder auf diese Flächen, wenn der Zyklus nicht durch das Erdbeerbeet erweitert wird.

5. und 6. Jahr: Erdbeerbeet mit Frühjahrszwiebeln, Schalotten, Winterrettich, Wintersalaten und Erbsen

Das Erdbeerbeet sollte, obwohl Erdbeeren nicht zu den Gemüsepflanzen gehören, in die Fruchtfolge der Gemüsebeete integriert werden. Da die Erdbeeren zur Familie der Rosengewächse zählen, zu denen ansonsten keine Gemüsepflanzen gehören, wird durch diese Pflanzen die Fruchtfolge bereichert.

Erdbeeren sind mehrjährig, aber spätestens nach drei Jahren lassen die Erträge deutlich nach. Daher werden die dreijährigen Pflanzen nach der Ernte gerodet. Auf dieser Fläche säen Sie noch Rettich für den Herbst und Winter aus. Da neue Erdbeerpflanzen erst im kommenden August gepflanzt werden, säen Sie im Frühjahr auf die dafür vorgesehene Fläche Erbsen als Stickstoff sammelnde Leguminose. Diese bereiten den Boden für die folgenden Erdbeerpflanzen gut vor.

Der Zwischenraum zwischen den Erdbeerpflanzen, den Sie im Sommer für das bequeme Pflücken der Erdbeeren benötigen, nutzen Sie für Winterzwiebeln und einige Schalotten. Die Winterzwiebeln werden von Mai bis Anfang Juni geerntet und haben das Beet weitgehend geräumt, bevor die Erdbeerernte ansteht. Darüber hinaus wirken Zwiebelgewächse der Erdbeerfäule entgegen und tragen zur gesunden Entwicklung der Erdbeerpflanzen bei. Die breiten Zwischenräume bei neu gepflanzten Erdbeeren können auch für Endivien genutzt werden.

Gemüse in der Anbau-Praxis

Hier stellen wir Ihnen leckeres, seltenes, robustes oder exotisches Gemüse vor, wie Sie es in ausgewogener Fruchtfolge mit Mischkultur in verschiedenen Kombinationen anbauen können. Auf diese Weise können Sie viele verschiedene Gemüsesorten im Laufe eines Gartenjahres kultivieren, die zu einer vielfältigen und gesunden Ernährung beitragen. Die Anbaupläne können Sie für den eigenen Garten übernehmen oder abgewandelt in die Praxis umsetzen. Die ideenreichen Konzepte basieren auf eigener jahrelanger Gärtnererfahrung.

Den Gemüsegarten einteilen

Die Grundausstattung unseres Beispiel-Gemüsegartens bilden vier mit verschiedenen Kulturen bepflanzte Gemüsebeete. Dieser Grundstock kann je nach persönlichem Bedarf um die Erdbeerbeete, um ein gemeinsames Kräuter- und Pflanzenvorzuchtbeet, ein Tomatenbeet und ein Frühbeet erweitert werden. Der Plan eignet sich sowohl für den kleinen als auch für den großen Gemüsegarten. Die Länge und die Anzahl der Beete kann entsprechend variiert und so auf Ihre Bedürfnisse abgestimmt werden. Die Beete werden in die bewährte Breite von 1,20 m mit 30 cm breiten Wegen eingeteilt. Die Gemüsebeete rücken nach der dargestellten Abfolge jedes Jahr um ein Beet weiter, wobei die Erdbeeren in diesen Wechsel integriert werden. Beim Kräuter- und Vorzuchtbeet werden jedes Jahr die Seiten innerhalb des Beetes gewechselt. Das Tomatenbeet ist vom Fruchtwechsel ausgeschlossen und bleibt am gleichen Standort. Für die Tomaten sollten Sie ein sonniges und möglichst nach Norden geschütztes Beet auswählen.

In dieser Übersicht sind die Beete nach ihrer Hauptkultur benannt. Da der Anbauplan sich die positive Wirkung der Mischkultur zunutze macht, wachsen noch weitere Gemüsepflanzen auf den Beeten. Der detaillierte Ablauf dieser Fruchtfolge mit Mischkultur und die genaue Beschreibung der auf den einzelnen Beeten anfallenden Arbeiten werden bei den jeweiligen Anbau-Ideen beschrieben.

Gartenübersicht mit Beeteinteilung.

Die Gartensaison verlängern: das Frühbeet

Das Frühbeet nutzen Sie im Frühjahr zur Pflanzenanzucht und für die Entwicklung der ersten Salate und Kohlrabi. Im Sommer bietet das Frühbeet für die Wärme liebenden Kulturen wie Gurken, Tomaten, Kürbisse und Paprika gute Wachstumsbedingungen, und im Herbst können Sie die verbleibende Vegetationszeit für den Feldsalat-Anbau verlängern.

Bei Frühbeeten unterscheidet man zwischen einem warmen und einem kalten Frühbeet. Das **warme Frühbeet** wird durch die Verrottung einer am Beetboden liegenden Mistpackung erwärmt. Durch den Zersetzungsprozess des Mistes wird Wärme frei und die Pflanzen sind so vor Frost geschützt. Eine Folienabdeckung des Mistbeetes speichert die sich entwickelnde Wärme, so dass Sie in dieses Beet schon Anfang März pflanzen und säen können.

Das Frühbeet im Frühjahr.

Bei einem **kalten Frühbeet** werden die Pflanzen nur durch eine Folienabdeckung geschützt, eine Mistpackung entfällt. In ein kaltes Frühbeet sollten Sie nicht vor Ende März pflanzen. Gegenüber einem **Folientunnel** bietet das kalte Frühbeet durch seine zur Sonne geneigten Abdeckflächen und der meist windgeschützten Anlage für die Pflanzen etwas bessere Wachstumsbedingungen.

Das warme Frühbeet (Mistbeet) war früher die klassische Methode, die Vegetationszeit vorzuverlegen und Pflanzen in einer wärmeren Umgebung heranzuziehen. Heute ist das Frühbeet vom Gewächshaus verdrängt worden. Da das Prinzip eines Mistbeetes sehr einfach, preiswert und wirkungsvoll ist, wird es hier näher beschrieben. Der notwendige Pferdemist ist heute wieder leichter zu bekommen, da er bei den Pferdehaltern in der Regel als Abfallprodukt anfällt. Die Belohnung für den vermehrten Aufwand erhält man schon Mitte April, wenn Sie die ersten Salatköpfe ernten können. Nach einer ergiebigen Ernte während des Sommers wird man im darauf folgenden Frühjahr zusätzlich noch mit guter Mistbeeterde belohnt.

Ein warmes Frühbeet bauen

Für das warme Frühbeet (Mistbeet) sollten Sie einen sonnigen und nach Norden geschützten Standort wählen. Das Beet muss nach Süden ausgerichtet sein und somit von Osten nach Westen verlaufen. Eine sinnvolle Breite für das Frühbeet ist 1 m, insbesondere wenn es nur von einer Seite aus zugänglich ist. Da das warme

Frühbeet zum Teil in die Erde versenkt wird, müssen Sie den Boden bis auf eine Tiefe von 40 cm ausheben. Die Rückwand hat dann eine Gesamthöhe von 80 cm, die vordere Wand eine Höhe von 70 cm. Die Seitenwände verlaufen entsprechend schräg. Durch diesen Höhenunterschied liegt die Abdeckung mit Neigung auf. Hierdurch wird die Sonneneinstrahlung besser eingefangen und das Niederschlagswasser kann ablaufen. Als Abdeckung wird ein Rahmen gebaut, der mit einer UV-beständigen Folie bespannt wird. Alternativ können Sie auch alte Fensterscheiben „recyceln".

Das Frühbeet im Sommer.

Ein warmes Frühbeet herrichten

Für das warme Frühbeet füllen Sie eine etwa 40 cm dicke Schicht frischen Mist in den Kasten. Wer die Möglichkeit hat, sollte Pferdemist verwenden, da dieser sich am stärksten erwärmt. Ansonsten können Sie auch Mist von Schafen oder Rindern verwenden. Hühnermist sollten Sie aufgrund seines hohen Stickstoffgehaltes nicht verwenden.

Sie müssen den Mist in gleichmäßigen Lagen in den Kasten packen. Dabei sollten Sie jede Lage gut festtreten und zum besseren Verrotten mit etwas Kompost überstreuen. Da der Mist im Laufe der Vegetationszeit zusammensackt, ist sorgfältiges Vorgehen gefragt, damit sich im Beet später keine Mulden bilden.

Auf diese Mistschicht kommt anschließend eine etwa 20 cm dicke Schicht feinster Gartenerde. Nach der Fertigstellung des Beetes bleibt bei diesen Schichtdicken nur eine Höhe von 10 cm von der Beetoberfläche bis zur Abdeckung. Im Laufe des Frühjahrs zersetzt sich der Mist, wodurch die gewünschte Wärme frei wird. Bei diesem Zersetzungsprozess sackt der Mist zusammen, somit vergrößert sich der Abstand von der Beetoberfläche zur Abdeckung und es entsteht mehr Raum für die sich entwickelnden Pflanzen.

In das Frühbeet pflanzen und aussäen

Das Frühbeet sollte so bepackt und abgedeckt eine Woche ruhen, bevor Sie die ersten Pflanzen setzen und Samen aussäen. Sinnvollerweise wird das Frühbeet in zwei Hälften geteilt. In die eine Hälfte pflanzen Sie Salat- und Kohlrabipflanzen im Wechsel, die andere Hälfte nutzen Sie für die Vorzucht von Gemüse- und Blumenpflanzen.

Die Salat- und Kohlrabipflanzen sollten Sie in einer Gärtnerei kaufen. Die Anzucht dieser Pflanzen muss schon im Januar erfolgen und ist nur in beheizten Gewächshäusern möglich. Die Salatpflanzen werden in drei Reihen mit einem Abstand von 30 cm untereinander gesetzt, wobei zu den Rändern hin 20 cm Platz bleiben sollte. Zwischen die Salatpflanzen setzen Sie Kohlrabipflanzen. Für eine Fläche von $1 m^2$ benötigen Sie also neun Salat- und vier Kohlrabipflanzen. In die andere Beethälfte ziehe Sie 1 cm tiefe Saatrillen im Abstand von 10 cm. Infolge der Beschattung durch den vorderen Frühbeetrand entwickeln sich die vorderen Pflanzen langsamer. Deshalb sollten die Saatrillen senkrecht vom hinteren Beetrand zum vorderen verlaufen, damit alle Rillen die gleichen Voraussetzungen haben. In diese Saatrillen werden die Pflanzen, die Sie später für den Folientunnel benötigen, ausgesät und vorgezogen. Je nach Bedarf sind das folgende Gemüsepflanzen: Sommersalat, Kohlrabi, Brokkoli und Spitzkohl. Wenn noch Platz im Frühbeet vorhanden ist, können Sie ihn zum Vorziehen von Sommerblumen nutzen. Nach dem Auspflanzen und -säen gießen Sie alle Pflanzen an und schließen das Frühbeet.

Einkaufsliste für ein 3 m langes Frühbeet

21 frühe Salatpflanzen (gekauft)
12 Kohlrabipflanzen (gekauft)
1 Samentüte Kohlrabi
1 Samentüte Salat
1 Samentüte Brokkoli
1 Samentüte Spitzkohl
1 Samentüte Basilikum
1 Samentüte Dill
Nach Wunsch: Sommerblumen Astern, Sonnenblumen, Malven, Schmuckkörbchen
3 Tomatenpflanzen (gekauft oder vorgezogen)
3 Schlangengurkenpflanzen (gekauft oder vorgezogen)
5 Paprikapflanzen (gekauft oder vorgezogen)
2 Kürbispflanzen (gekauft oder vorgezogen)
1 Samentüte Feldsalat

Mist ins Frühbeet einbringen.

Erste Pflanzen im Frühbeet.

Das Frühbeet pflegen

Sie sollten Ihr Frühbeet bei intensiver Sonneneinstrahlung insbesondere in der Mittagszeit lüften, indem Sie die Abdeckung aufstellen. Gutes Lüften wirkt auch vorbeugend gegen die Schwarzbeinigkeit – eine Pilzkrankheit, die insbesondere junge Kohlpflanzen in Gewächshäusern oder Frühbeeten befällt.

Sollte es im März noch zu lang anhaltenden und starken Frösten kommen, müssen Sie die Saat zusätzlich zur Folienabdeckung durch alte Tücher, Teppiche oder Decken schützen. Die Pflanzen und Sämereien im Frühbeet benötigen die ersten zwei bis drei Wochen keine besondere Pflege. Wenn sich bei den Sämereien nach den Keimblättern die ersten richtigen Blätter zeigen, müssen Sie alle Pflanzen auf eine Abstand von 2 bis 3 cm vereinzeln, damit sich gesunde und kräftige Pflanzen entwickeln.

Mit den Sämereien keimen natürlich auch alle Unkräuter, die in diesem warmen Beet auch gute Wachstumsbedingungen vorfinden. Hier müssen Sie rechtzeitig Initiative und eine Hacke ergreifen. Natürlich müssen Sie das Frühbeet regelmäßig gießen. Dabei sollten Sie darauf achten, Ihre Salatpflanzen nicht zu überbrausen, sondern gezielt, aber vorsichtig die Pflanzenwurzeln zu wässern.

Anfang April haben sich die Gemüsepflanzen soweit entwickelt, dass Sie sie auf ihren endgültigen Standort (siehe Seite 73, „Indianerbeet“) in den Folientunnel verpflanzen können. Dazu müssen Sie die Pflanzen mit der Handschaufel so herausnehmen, dass der Wurzelballen erhalten bleibt und direkt in das Pflanzloch gesetzt werden kann. Ab Mitte April können Sie den ersten Salat ernten. Ab der zweiten Aprilhälfte leert sich das Frühbeet nach und nach.

Gemüsepflanzen des Frühbeetes

In das Frühbeet nachpflanzen

In das Frühbeet können Sie alle Wärme liebenden Kulturen schon Anfang Mai pflanzen. Die Rückseite sollten Sie für hochwüchsige Tomaten oder auch Salatgurken nutzen. Der vordere Bereich ist für die niedrigen Buschtomaten, Paprika oder die sich ausbreitenden Melonen geeignet. An die Seitenränder können Sie auch Kürbis pflanzen, nur muss dann außerhalb des Frühbeetes ausreichend Platz für die weit über das Beet hinaus wachsenden Pflanzen vorhanden sein.

Nach dem Pflanzen dieser Wärme liebenden Kulturen halten Sie den Deckel vorerst noch geschlossen und lüften nur bei anhaltend sonnigem Wetter. Mitte Mai haben sich die Pflanzen soweit entwickelt, dass sie mit dem vorhandenen Platz unter der Abdeckung nicht mehr auskommen. Die hoch wachsenden Pflanzen benötigen nun dringend eine Stütze. Jetzt ist der Zeitpunkt gekommen, die Abdeckung abzunehmen. Da Sie Ihre Tomaten vor Niederschlagswasser schützen sollten, können Sie für die Abdeckung ein Gestell bauen, auf dem die Abdeckung in etwa 1,80 bis 2,00 m Höhe befestigt wird. An dieser Rahmenkonstruktion können Sie Schnüre zum Ranken der Gurken und Tomaten befestigen.

Die Wärme liebenden Kulturen pflegen

Die Kulturen im Frühbeet müssen Sie regelmäßig gießen, da sie kein Niederschlagswasser erhalten und durch die Mistschicht keinen Kontakt zum aufsteigenden Grundwasser haben. Die Kulturen sollten Sie aber nicht täglich, sondern zweimal pro Woche intensiv wässern. Die Tomaten müssen wie auf Seite 96 beschrieben regelmäßig ausgegeizt und befestigt werden.

1 Kürbis

Cucurbita-Arten und -Sorten

Angesichts der vielfältigen Kürbis-Sorten ist es schade, dass man sich aus Platzgründen für höchstens zwei Sorten entscheiden muss!
Sorten: Es gibt drei Arten (*C. pepo, C. maxima, C. moschata*) mit vielen verschiedenen Sorten. Bekannt ist die alte Sorte 'Gelber Zentner', der aromatische Hokkaido-Kürbis und der Ölkürbis.
Kultur: Kürbisse sind frostempfindlich und dürfen nicht vor Mitte Mai ins Freiland. Sinnvoll: ab Mitte April vorziehen. Sie benötigen einen sehr nährstoffhaltigen und feuchten Boden. Ernte ab Ende August.
Gesundheit: Junge Kürbispflanzen werden gern von Schnecken aufgesucht. Im Spätsommer Befall mit Echtem Mehltau möglich.
Vermehrung: Über die Samen von ausgereiften Kürbissen.

2 Paprika

Capsicum annuum

Inzwischen gibt es Paprika-Züchtungen, die auch bei unserem Klima im Freiland herangezogen werden können.
Sorten: Es gibt Gemüse-, Gewürz- (Peperoni) und Tomatenpaprika. Sie entwickeln gelbe oder rote Früchte in den unterschiedlichsten Formen.
Kultur: Vorzucht ab Ende Februar. Sie wachsen anfangs sehr langsam, ab Ende Mai ins Freiland oder offene Frühbeet pflanzen. Sie benötigen einen nährstoffreichen Boden und regelmäßige Wassergaben.
Gesundheit: Paprika nach Möglichkeit nicht mit anderen Nachtschattengewächsen zusammen pflanzen.
Vermehrung: Bei den meisten Paprikazüchtungen handelt es sich um Hybriden, deren sterile Samen man nicht zur weiteren Kultivierung verwenden kann.

3 Schlangengurken

Cucumis sativus

Besitzer eines Frühbeetes oder eines Gewächshauses sollten sich an Schlangengurken wagen. Frisch aus dem Garten sind sie unvergleichlich besser als eine importierte Gurke!
Sorten: Für die Kultur im kalten Gewächshaus oder Frühbeet wenig wärmebedürftige Sorten auswählen.
Kultur: Sie benötigen einen nährstoffreichen Boden und regelmäßige Wassergaben. Anfang April beginnt die Vorzucht, Anfang Mai kann man die Gurkenpflanzen auf ihren endgültigen Standort setzen. Schlangengurken zieht man eintriebig; alle Seitentriebe rechtzeitig entfernen.
Gesundheit: Auf Echten und Falschen Mehltau achten.
Vermehrung: Saatgut oder Pflanzen kaufen, da meist Hybrid-Sorten im Handel sind.

Exoten im Gemüsegarten

SPEZIAL

Ein Garten entwickelt sich mit seinen Kulturen ständig weiter. Die meisten unserer Gemüsepflanzen stammen von anderen Kontinenten. Würden wir uns mit den bei uns heimischen Gemüsepflanzen begnügen, müssten wir uns von Kohl und einigen Wurzelgemüse-Arten ernähren.

Viele unserer Kulturpflanzen haben ihren Ursprung in Vorderasien und in Südamerika. Es ist also nichts Neues, wenn wir heute auf andere Kontinente blicken und Pflanzen von dort durch züchterische Arbeit unserem Klima anpassen. Also, wie heißt es so schön? Probieren geht über studieren!

Chili und Peperoni (*Capsicum frutescens*)
Es gibt inzwischen Sorten, die man auch in unseren Breiten in geschützten sonnigen Lagen kultivieren kann. Die Kultur entspricht der von Paprika. Die Chili- und Pepperonipflanzen haben eine lange Entwicklungszeit und müssen ab Mitte Februar vorgezogen werden. Sie benötigen einen humosen, aber nicht extrem nährstoffreichen Boden und sind mit geringeren Wassergaben als Paprika zufrieden. Viele Sorten kann man auch in Kübel ziehen (Foto: Sorte 'Geronimo').

Pepino, Melonenbirne
(*Solanum melanocerasum*)
Die Pepino ist auch ein Nachtschattengewächs und kommt ursprünglich aus der Andenregion. Sie entwickelt eiförmige, bis zu 20 cm lange Früchte, die nach Melonen duften und auch ähnlich schmecken. Vermehrt werden sie über Stecklinge oder über Samen, wobei zweiteres komplizierter ist. Pepinos eignen sich gut für die Kübelkultur. Sie sind mehrjährig und überwintern im hellen, kühlen Raum.

Pak Choi (*Brassica rapa* var. *chinensis*)
Dieses aus Südostasien stammende Gemüse entwickelt dicke fleischige, meist weiße Blattstiele. In der Küche lässt sich der mild schmeckende Pak Choi zu Salat oder Gemüse zubereiten. Pak Choi ist eine typische Langtagspflanze und darf nicht vor Anfang Juli ausgesät werden. Er benötigt einen humosen Boden und genügend Feuchtigkeit. Ab Ende September kann man ihn ernten und zügig aufbrauchen.

April Mai Juni Juli Aug. Sept. Okt.

trieb – Voraussetzung für eine frühe und reichliche Ernte. Große Kartoffeln benötigen sehr viel Platz. Die Anzahl der vorzukeimenden Kartoffeln richtet sich nach Ihrem Bedarf beziehungsweise nach der Größe des Kartoffelbeetes. Da die Kartoffeln in der Reihe einen Abstand von 25 bis 30 cm haben, werden bei zwei Reihen Kartoffeln für ein 1 m langes Beet bis zu acht Kartoffeln benötigt. Zum Vorkeimen der Kartoffeln wird Ende Februar eine etwa 5 cm hohe Schicht reifer Kompost in eine flache Kiste eingefüllt. Hier werden die Kartoffeln mit den „Augen" nach oben hineingelegt, ohne dass sie sich untereinander berühren. Die Kiste stellen Sie an einen hellen, 12 bis 15 °C warmen Ort. Bis Anfang April haben die Kartoffeln Wurzeln gebildet, und es sprießen die ersten grünen Keime. Die Kartoffeln benötigen insgesamt etwa sechs Wochen, bis die Keime so kräftig sind, dass ein effektiver Vorteil gegenüber nicht vorgekeimten Kartoffeln erzielt wird.

Das Kartoffelbeet vorbereiten

Das Kartoffelbeet ist eines der ersten Beete im Frühjahr, das Sie je nach Witterung Anfang bis Mitte April vorbereiten sollten, sofern der Boden abgetrocknet und etwas erwärmt ist. Nach der in diesem Buch vorgestellten Fruchtfolge stand auf dem Kartoffelbeet im Vorjahr das „Indianerbeet" (siehe Seite 73). Auf dieses Beet wurde im September eine Gründüngung ausgesät und diese mit einer großzügigen Kompostgabe abgedeckt. Die im Frühjahr übrig gebliebenen, abgefrorenen Reste der Grün-

Vorgekeimte Kartoffeln ...

... in die Erde legen, ...

... Kartoffeltriebe anhäufeln.

düngung und die groben Bestandteile vom Kompost harken Sie nun zusammen. Sie kommen entweder auf den Kompost oder werden zum Mulchen der Kartoffeln verwendet. Die Gründüngung hinterlässt in der Regel einen gut durchwurzelten, lockeren Boden, so dass Sie keine umfangreiche Bodenbearbeitung vornehmen müssen. Auf dem 1,20 m breiten Beet ziehen Sie für die Kartoffeln mit dem Kultivator jeweils 30 cm von der Beetmitte entfernt zwei etwa 10 cm tiefe Rillen, sodass die beiden Reihen einen Abstand von 60 cm zueinander haben. Auf den äußeren Seiten ziehen Sie mit 20 cm Abstand von den Kartoffelreihen eine jeweils 3 cm tiefe Rille für die Puffbohnen.

Aufgrund der geringen Bodenbearbeitung ist diese Art der Beetvorbereitung sehr Kräfte schonend und einfach zu bewerkstelligen. Das gelingt aber nur, wenn die Gründüngung gut gewachsen ist und einen guten, lockeren Gartenboden hinterlassen hat. Sollten Sie aber einen harten, humusarmen Gartenboden mit vielen Unkräutern haben, werden Sie im Frühjahr um ein Lockern der gesamten Fläche mit dem Grubber oder eventuell sogar um ein Graben mit der Grabegabel nicht herumkommen.

Kartoffeln und Puffbohnen legen

Die vorgekeimten Kartoffeln werden jetzt mit 25 bis 30 cm Abstand in die Rillen gelegt. Anschließend bedecken Sie die Kartoffeln und schließen die Reihen mit reifem Kompost. Da die Kartoffeln sehr frostempfindlich sind, überziehen Sie die beiden Kartoffelreihen mit einer Lochfolie.

In die beiden äußeren Reihen legen Sie die Puffbohnen-Samen mit 20 cm Abstand zueinander. Zwischen die Puffbohnen können Sie Kapuzinerkresse zur Abwehr der Schwarzen Bohnenlaus in die Reihe legen. Die blühenden Pflanzen schmücken im Sommer die Beete und die Blätter und Blüten verleihen Salaten eine scharf-aromatische Note. Puffbohnen sind frostverträglich, keimen und wachsen auch schon bei sehr niedrigen Temperaturen. Da früh gelegte Bohnen unempfindlicher gegen die Schwarze Bohnenlaus sind und die höchsten Erträge liefern, können Sie die Bohnen schon an milden Tagen Ende Februar legen, sofern der Gartenboden zu betreten ist. In diesem Fall sollten Sie das ganze Beet schon vorbereitet haben, damit später mit dem Legen der Kartoffeln keine umfangreichen Erdarbeiten mehr notwendig sind. Es ist nicht sinnvoll, Puffbohnen in Töpfen vorzuziehen, da die Bohnen große Pfahlwurzeln bilden und sich in normalen Blumentöpfen nicht optimal entwickeln.

Kartoffeln und Puffbohnen anhäufeln

Wenn die Kartoffeltriebe etwa Ende April eine Höhe von 8 bis 10 cm erreicht haben, häufeln Sie sie das erste Mal an. Dabei ziehen Sie die Erde von beiden Seiten an die Reihen so heran, dass die Triebe nur einige Zentimeter sichtbar bleiben. Die Folie legen Sie anschließend wieder über das Beet. Die Kartoffeln werden meist Mitte Mai, wenn sie 15 bis 20 cm hoch sind, ein zweites Mal angehäufelt. So entsteht ein Wall von etwa 20 cm Höhe. Gleichzeitig sollten Sie auch die Puffbohnen etwas anhäufeln, damit sie eine höhere Standsicherheit erhalten. Bei den Kartoffeln erwärmt sich der Boden durch diese Lockerungsarbeiten besser und erleichtert die späteren Erntearbeiten. Gleichzeitig werden die aufkommenden Unkräuter beseitigt. Nach dem zweiten Hacken und Anhäufeln, spätestens jedoch vor sehr heißen Tagen, sollten Sie die Folie entfernen und für das nächste Jahr aufbewahren.

Kartoffeln und Puffbohnen ernten

Sie können Ihre ersten Kartoffeln ernten, wenn die Pflanzen zu blühen beginnen – der Zeitpunkt ist stark witterungsabhängig. Gut vorgekeimte Kartoffeln benötigen etwa zehn bis zwölf Wochen, bis sie ausreichend große Knollen gebildet haben. Sollten Ihre Kartoffeln vom Kartoffelschorf befallen sein, müssen Sie zukünftig mit Kalkgaben zurückhaltend sein. Die Kartoffeln können aber bedenkenlos verzehrt werden. Abhängig vom Aussaattermin sind die Puffbohnen Ende Juni bis Mitte Juli reif. Sie müssen die Puffbohnen ernten, solange die Schoten und Bohnensamen noch grün sind. Mit der Ernte der letzten Puffbohnen räumen dann auch die letzten Frühkartoffeln das Beet.

Kartoffelernte

Lauch und Grünkohl pflanzen

Gleich nach der Ernte bestellen Sie das Beet neu. In die Kartoffelreihen pflanzen Sie Winterlauch. Achten Sie bei den Lauchpflanzen darauf, dass Sie nur gesunde Pflanzen auswählen. Die jungen Lauchpflanzen werden gern von der Lauchmotte befallen. Da Winterlauch etwas tiefer gesetzt werden sollte, bieten sich die lockeren Kartoffelreihen geradezu an. Dazu werden die Reihen mit dem Kultivator und einer breiteren Hacke vorbereitet, so dass eine 10 bis 15 cm breite und 10 cm tiefe Rille entsteht. Hier hinein pflanzen Sie die Lauchpflanzen mit dem Pflanzholz versetzt zueinander mit etwa 10 cm Abstand. Stecken Sie die bleistiftdicken Lauchpflanzen in das etwa 10 cm tiefe Pflanzholzloch, ohne die Wurzeln nach oben umzubiegen. Das anschließende Gießen sorgt dafür, dass mit dem Gießwasser Erde in das Pflanzloch geschwemmt und das Loch geschlossen wird. So erhalten die Wurzeln Kontakt zum Erdreich.

Die Lauchreihen stehen wie schon die Kartoffeln im Abstand von 60 cm zueinander. Der Zwischenraum zwischen den schlanken Lauchpflanzen bietet sich für Grünkohl an, der auch über den Winter auf dem Beet stehen bleiben kann. Wer kein Liebhaber dieses hervorragenden Wintergemüses ist, kann auch Endivien, Wintersalat oder Radicchio pflanzen.

Grünkohl- und Lauchpflanzen düngen

Im August/September werden die Lauchreihen mit reifem, gesiebtem Kompost aufgefüllt, und auch der Grünkohl erhält eine Kompostdüngung. Beide vertragen Anfang September eine Jauchegabe sehr gut, da sie bis in den Spätherbst hinein

Gemüsepflanzen des Kartoffelbeetes

1 Grünkohl, Braunkohl
Brassica oleracea acephata

Dieses Wintergemüse steht in milden Lagen den ganzen Winter über zur Verfügung. Den Neuaustrieb im Frühjahr kann man als Salat zubereiten.
Sorten: Unterschieden wird zwischen niedrigen, mittelhohen und hohen Sorten. Es gibt auch dekorative Sorten mit rot gefärbten Blättern. Beim Kochen wechselt die rote Farbe ins gewohnte Grün.
Kultur: Grünkohl ist unter den Kohlpflanzen der anspruchsloseste. Mitte bis Ende Mai aussäen und bis Anfang August verpflanzen. Die Grünkohlpflanzen sind bis –15 °C frostverträglich und im Laufe des Winters an schneefreien Tagen beerntbar.
Gesundheit: Grünkohl wird gern von der Weißen Fliege aufgesucht.
Vermehrung: Die Samen bilden sich im zweiten Vegetationsjahr nach der Blüte.

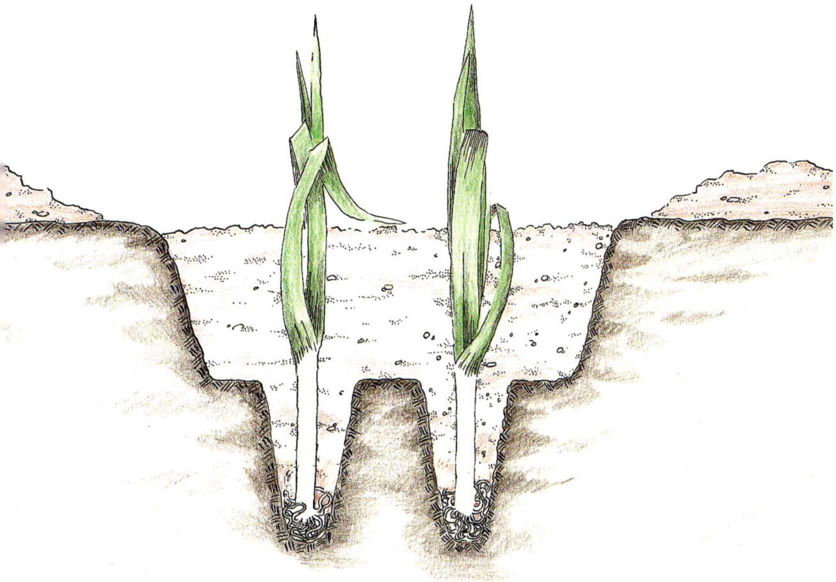

Tief gesetzte Lauchpflanzen bilden lange, weiße Schäfte aus.

wachsen und die Nährstoffe noch gut nutzen können. Mit dieser Kompostpackung geht das Beet in den Winter.

Grünkohl und Lauch ernten

Den Grünkohl ernten Sie nach dem ersten kräftigen Frost im Laufe des Winters. Nur in sehr schneereichen Regionen müssen Sie den Grünkohl vorher ernten, da er sonst unter der Schneelast zusammenbricht und nicht mehr zu finden ist. Den Lauch ernten Sie nach Bedarf. Extrem wechselnde Temperaturen mit starken Frösten können einige Pflanzen schädigen, aber im Prinzip kann der Lauch bis in das Frühjahr hinein auf den Beeten stehen bleiben. Während der warmen März- und Apriltage legt er nochmals an Dickenwachstum zu. Der Lauch beginnt Anfang Mai Blütenstände zu schieben, spätestens bis dahin sollten Sie Ihren Lauch verwertet haben.

2 Lauch, Porrée
Allium porrum

Ein hervorragendes Wintergemüse, das bis in den Frühling im Garten weiter wächst.
Sorten: Hier unterscheidet man zwischen winterharten Sorten für den Winter- und Frühjahrsbedarf und den weniger winterharten Sorten für den Sommer- und Herbstanbau.
Kultur: Lauch liebt einen humosen, aber nicht stark gedüngten Boden. Für den Sommerbedarf im März im Frühbeet, für den Spätherbst-, Winter- und Frühlingsbedarf im April ins Freiland aussäen. Im Juli auf seinen endgültigen Standort verpflanzen.
Gesundheit: Auf typische Lauchkrankheiten achten, Winterlauch ist weniger empfindlich.
Vermehrung: Die Lauchpflanze entwickelt im zweiten Jahr eine majestätische, runde Blütenkugel, die gerne zur Dekoration verwendet wird.

3 Kartoffel
Solanum tuberosum

Im Hausgarten ist der Frühkartoffelanbau interessant. Entscheiden Sie sich für farbige Raritäten, die man nicht in jedem Geschäft kaufen kann.
Sorten: Unterschieden wird zwischen Früh-, Mittel- und Spätkartoffeln, die es als mehlig bis festkochend gibt.
Kultur: Kartoffeln benötigen einen sonnigen Standort mit einem nährstoffreichen und lockeren Boden. Die Vegetationszeit von vorgekeimten Frühkartoffeln beträgt etwa 90 Tage, die von Spätkartoffeln bis zu 150 Tagen.
Gesundheit: In nassen und feuchten Sommern wird die Kraut- und Knollenfäule zum Problem (s. S. 118 f.).
Vermehrung: Über die Knollen. Die gleichen Sorten, die auf verschiedenen Bodentypen kultiviert wurden, entwickeln variable Geschmacksrichtungen.

4 Puffbohne, Dicke Bohne
Vicia faba

Diese Bohnen gehören heute zu den fast vergessenen Gemüsepflanzen. Sie sind anspruchslos und damit einfach zu kultivieren. Sie hinterlassen einen mit Stickstoff angereicherten Boden. Die im Juni noch nicht komplett ausgereiften Bohnen bereichern jeden Salat und aus den im Juli geernteten Bohnen können Sie schmackhafte Gemüse zubereiten.
Sorten: Es gibt weiß- und grünkernige Sorten.
Kultur: Puffbohnen möglichst schon im März legen.
Gesundheit: Puffbohnen werden gerne von der Schwarzen Bohnenlaus aufgesucht (siehe Seite 121).
Vermehrung: Die Bohnenkerne von gut gewachsenen und ertragreichen Bohnen verwenden. Die Schoten reifen an der Pflanze aus. Vor dem Aufplatzen ernten und ausspulen.

Gutes im Verborgenen: das Wurzelbeet

Auf diesem Beet wachsen verschiedene Wurzelgemüse, Möhren, Schwarzwurzeln, Pastinaken, Rote Bete und bei Bedarf auch Chicorée. Die Freiräume zwischen den sich im Frühjahr sehr langsam entwickelnden Wurzelgemüsepflanzen nutzen Sie für den Anbau von Steckzwiebeln. Alle Wurzelgemüse benötigen einen gut und tief gelockerten Boden. In dieser Fruchtfolge ist der Boden durch die Kartoffel, die als Vorfrucht im vorangegangenen Jahr angebaut wurde, ausreichend tief gelockert, und ein tiefgründiges Graben erübrigt sich. Der Boden hat auch nach den ausgiebigen Kompostgaben an Kartoffeln, Lauch und Grünkohl noch ausreichend Nährstoffe. Erneute Kompostgaben würden bei diesem Saatbeet durch den Gehalt an keimfähigen Unkrautsamen im Kompost für eine kleine Katastrophe sorgen.

Schwarzwurzeln, Möhren und Zwiebeln ergänzen sich in ihrem Wachstum gut. Das Wurzelgemüse entwickelt sich im Frühjahr sehr langsam, so dass Sie diese Freiräume für den Anbau von Steckzwiebeln nutzen können. Damit der dicke Zwiebellauch im Juni die Möhren nicht beschattet, sollten Sie den Reihenabstand etwas großzügiger wählen. Wechseln Sie zwei Reihen Möhren mit einer Reihe Zwiebeln ab. Im August, wenn sich die Wurzelgemüse ausbreiten, räumen die Zwiebeln das Beet.

Darüber hinaus vertreiben Möhren und Zwiebeln sich gegenseitig die Möhrenbeziehungsweise die Zwiebelfliege. Die Möhren werden in dieser Fruchtfolge zusätzlich durch die Vorfrucht Lauch gegen die Möhrenfliege geschützt. Möhrenreihen sollten Sie daher möglichst auf der ehemaligen Lauchfläche aussäen.

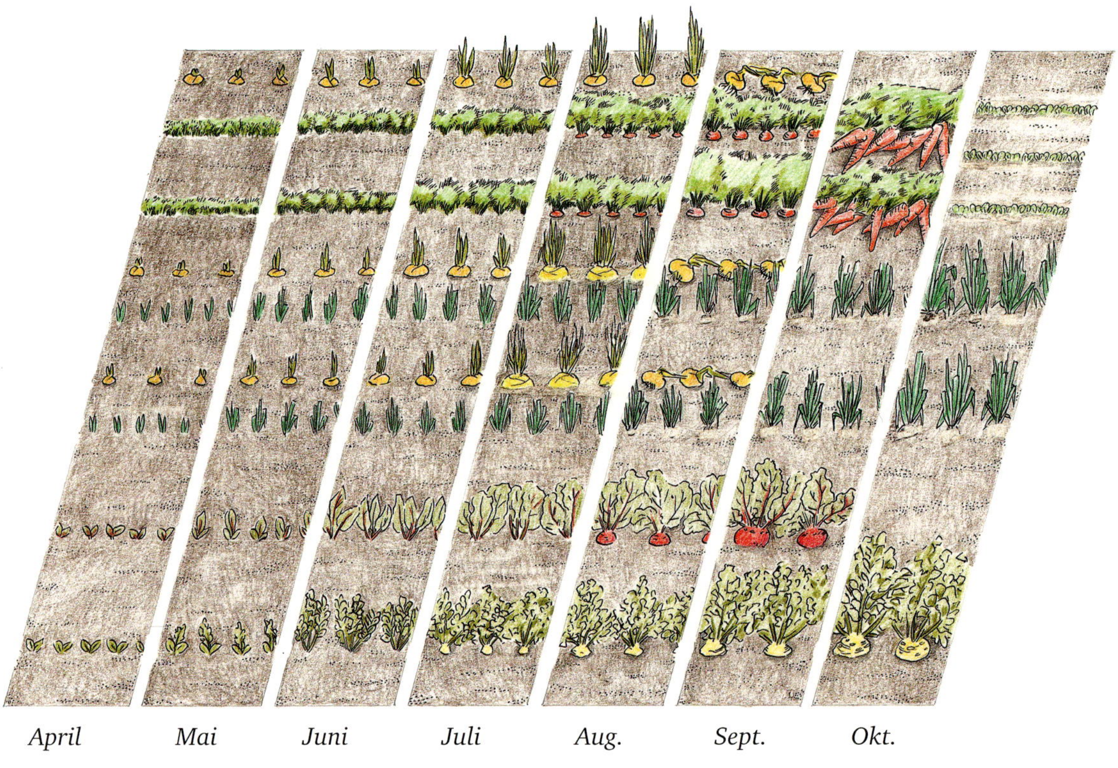

Das Wurzelbeet herrichten

Das Wurzelbeet wird im zeitigen Frühjahr, spätestens Anfang April vorbereitet. Grünkohl und Lauch aus dem Vorjahr sind im Laufe des Winters geerntet worden, so dass Sie im Frühjahr nur noch die Wurzelstrünke vom Grünkohl entfernen müssen. Die Ernte ist etwas mühsam, da Sie die Wurzeln der nachwachsenden Grünkohlpflanzen ausgraben müssen. Das Beet wird mit dem Kultivator gelockert und anschließend geharkt, so dass ein feines Saatbeet entsteht. Wer genügend Platz zur Verfügung hat, sollte eine Doppelreihe Lauch, möglichst am Rand, stehen lassen. Diesen Lauch können Sie nach und nach ernten, bevor er Mitte Mai die ersten Blütenknospen ausbildet. In dieser Zeit verdoppelt der Lauch fast noch einmal seinen Umfang.

TIPP

Für Gemüse-Gourmets

Aus den Grünkohlstrünken des Vorjahres treiben neue zarte Grünkohltriebe. Bevor Sie die Strünke auf den Kompost werfen, sollten Sie diese Neutriebe abernten. Sie ergeben in Butter gedünstet ein leckeres Gemüse oder Sie können daraus einen knackigen Frühlings-Salat zubereiten.

Für die Aussaaten auf diesem Beet ziehen Sie im Abstand von 10 cm etwa 2 cm tiefe Reihen. Die Verteilung der einzelnen Wurzelgemüse können Sie entsprechend der Zeichnung links vornehmen. Die Aussaat der nadelförmigen Schwarzwurzel-Samen erfolgt mit einem Abstand von 2 cm in der Reihe bei einer Saattiefe von 2 bis 3 cm. Die feinen Möhren-Samen verteilen Sie gleichmäßig in der Reihe (ungefähr 5 Stck. auf 1 cm), dabei beträgt die Saattiefe nur 0,5 bis 1 cm. Diese Aussaat erfordert etwas Übung. Einfacher geht es mit Saatbändern, die allerdings teurer sind. Die blattartigen Samen der Pastinaken werden in der Reihe mit 2 bis 3 cm Abstand gelegt. Die Saattiefe beträgt wie die der Möhren 0,5 bis 1 cm. Sowohl Schwarzwurzeln, Möhren als auch Pastinaken haben mit zwei bis drei (Schwarzwurzeln) bzw. bis zu vier Wochen (Möhren, Pastinaken) eine sehr lange Keimdauer. Damit Sie die Reihen früher erkennen und die Zwischenräume schon hacken können, sollten Sie schnell keimende Radieschen als so genannte Markiersaat mit in der Reihe aussäen. Dazu streuen Sie alle 10 bis 15 cm einen Radieschen-Samen ein. Die Radieschen können zwischen den Möhren und Schwarzwurzeln bis zur Ernte stehen bleiben. Die Saatreihen ziehen Sie mit der Harke zu und drücken sie mit dem Harkenrücken an.

Die Roten Bete werden im Abstand von 3 cm in der Reihe gesät. Wer keine Roten Bete anbauen möchte, kann stattdessen noch eine Reihe Steckzwiebeln stecken. Die Zwiebeln steckt man mit 8 bis 10 cm Abstand untereinander so in die entsprechenden Reihen, dass ein Drittel der Zwiebel aus dem Boden herausschaut. Die Zwiebeln dürfen nicht zu tief, aber auch nicht zu hoch stehen, damit sie von den Vögeln nicht wieder herausgepickt werden.

Sollten noch Lauchpflanzen auf dem Beet bis Mitte Mai verbleiben, können Sie nach der Ernte auf dieser Fläche noch späte Möhren oder auch Chicorée aussäen. Chicorée wird möglichst dünn ausgesät, so dass die einzelnen Samen 2 bis 3 cm auseinander liegen. Der Abstand zur nächsten Reihe beträgt 20 cm. Das Ziel beim Chicorée-Anbau ist es, möglichst kräftige Wurzeln zu erhalten.

Keimendes Wurzelgemüse pflegen

Im Laufe des Frühjahres müssen Sie das Beet zwischen den Reihen mit einer kleinen Hacke insbesondere nach Regenfällen bearbeiten, sobald der Boden wieder antrocknet und betretbar ist. So wird der Boden gelockert und keimende Unkräuter werden am Wachsen gehindert.

Sowohl Schwarzwurzeln als auch Möhren keimen recht spät und eventuell auch unregelmäßig. Daher sind bei diesem Beet Geduld und eine Nachsaat manchmal erforderlich. Darüber hinaus werden die Keimlinge der Möhren und Rote Bete von den Schnecken bevorzugt. Hier müssen Sie besondere vorbeugende Maßnahmen treffen: Bewährt hat sich das Auslegen von Brettern zwischen den Beeten. Unter diesen Brettern verkriechen sich die Schnecken tagsüber und Sie können sie hier gut absammeln (siehe auch Seite 134).

Schwarzwurzeln, Möhren, Pastinaken und Chicorée müssen Sie, sobald sie etwa Anfang Juni eine Höhe von etwa 10 bis 15 cm erreicht haben, möglichst an einem trüben Tag vereinzeln. Dabei setzen Sie die Schwarzwurzeln auf einen Abstand von 5 bis 6 cm, die Möhren auf 3 cm, die Pastinaken auf 10 cm und die Chicoréepflanzen auf 8 bis 10 cm.

Zwiebeln ernten

Absolut zuverlässig und pflegeleicht sind die Steckzwiebeln. Hier können Sie im Laufe des Juni die ersten Lauch-Zwiebeln ernten. Zuerst sollten Sie diejenigen Zwiebeln ernten, die einen Blütenansatz zeigen oder die sehr dicht stehen. Das frische Zwiebelgrün ist in der Küche sehr willkommen.

Der Lauch der Zwiebeln beginnt Ende Juni zu welken und abzuknicken. Hier müssen Sie eingreifen und die Zwiebelröhren zurück in die Zwiebelreihe legen, damit sich Möhren und Zwiebeln nicht gegenseitig behindern. Bis zur Zwiebelernte Anfang August hat sich das „Zwiebelgrün“ vollständig zurückgezogen, und die Zwiebeln sind gut abgetrocknet. Nur so sind die Zwiebeln den ganzen Winter über haltbar und ein hervorragendes Frischgemüse. Auf keinen Fall dürfen Sie den Zwiebellauch abknicken oder abschneiden, da diese Zwiebeln dann geschwächt ins Winterlager gehen und bevorzugt von der Zwiebelhalsfäule befallen werden (siehe Seite 125).

Einkaufsliste für ein 4 m langes Wurzelbeet

500 g Steckzwiebeln (etwa 120 Zwiebeln)
1 Samentüte späte Möhren
oder alternativ:
1 Samentüte späte Möhren,
1 Samentüte frühe Möhren
1 Samentüte Pastinaken
1 Samentüte Rote Bete
1 Samentüte Schwarzwurzeln
oder alternativ:
1 Samentüte Chicorée
1 Samentüte Feldsalat

Wurzelgemüse düngen

Die Schwarzwurzeln und Möhren benötigen jetzt den durch die Zwiebelernte gewonnenen Platz für ihr eigenes Wachstum. Die ehemaligen Zwiebelreihen lockern Sie mit dem Kultivator, und die Schwarzwurzeln und Möhren erhalten jetzt eine großzügige Kompostgabe.

Erste Radieschenernte!

Die Zwiebeln räumen das Beet.

Möhren und Rote Bete ernten und einlagern

Die frühen Möhren können Sie im Laufe des Sommers und Herbstes gleich frisch vom Beet essen. Die späten Möhren und Roten Bete sollten so spät wie möglich, aber vor dem ersten Frost (je nach Region ab Ende September oder im Laufe des Oktober) ernten und für den Winter einlagern. In den meist zentral beheizten Kellerräumen hat sich das Einlagern in einem Tontopf mit Sand als recht einfache und schnelle Methode bewährt. Dazu schichten Sie jeweils eine Lage Möhren und Rote Bete immer im Wechsel mit einer Schicht Sand aufeinander. Verwenden Sie nur einwandfreie Exemplare und sortieren Sie schadhaftes oder krankes Wurzelgemüse aus, da sich im Winterlager die Weichfäule auf den Möhren ausbreiten kann.

Gesunde Möhren und Rote Bete halten bis weit in den Mai hinein. Die letzten Möhren sollten Sie verzehren, bevor das frisch ausgetriebene Möhrengrün aus dem Topf herauswächst.

Chicoréewurzeln ernten und antreiben

Sie sollten Chicoréewurzeln nicht vor Mitte Oktober ernten. Dazu graben Sie die Wurzeln vorsichtig mit der Grabegabel aus und schneiden das Kraut 1 bis 2 cm über dem Wurzelkopf ab. Beim Ausgraben dürfen Sie die Wurzel nicht verletzen, da die beschädigten Wurzeln später im Lager faulen und andere anstecken.

Bewahren Sie die Wurzeln zunächst in einem frostsicheren Zwischenlager auf, bis Sie sie in den Wintermonaten für die Treiberei ins Warme holen. Die besten Ergebnisse bei der anschließenden Treiberei bringen Wurzeln mit einem Wurzelkopfdurchmesser von 3 bis 5 cm. Als Gefäße hierfür eignen sich Steinguttöpfe oder Eimer. Die Wurzeln stellt man dicht aneinander in das Gefäß und füllt die Zwischenräume mit Sand oder durchlässiger Erde auf. Danach gießen Sie gut an und stellen das Gefäß in einen Raum mit 15 bis 18 °C. Wichtig ist, dass der Chicorée in völliger Dunkelheit austreibt, weil die Sprosse bei Lichteinfluss grün werden. Während der Treiberei müssen die Wurzeln immer über ausreichend Feuchtigkeit verfügen. Das Treiben dauert unter diesen Bedingungen etwa vier Wochen.

Chicoréewurzeln in der Erdgrube.

Selbstverständlich besteht auch die Möglichkeit, Chicorée im Frühbeet oder sogar im Freien zu treiben. Dazu hebt man im Frühbeet oder auch im Freien eine 20 bis 25 cm tiefe Grube aus, wobei sich Länge und Breite nach der Menge an Chicoréewurzeln richten. Der Boden in der Grube wird gründlich gelockert. In die Grube stecken Sie die Wurzeln so tief, dass sie mit der Oberfläche abschließen. Danach füllt man die verbleibenden Zwischenräume mit dem Aushub und häufelt über die Wurzeln noch eine etwa 25 cm hohe Erdschicht auf. Diese Erdschicht bedecken Sie noch mit einer etwa 20 cm starken Laubschicht oder anderem geeigneten Material, um auch bei Frostwetter ernten zu können. Die Entwicklung der Sprosse dauert hierbei natürlich wesentlich länger. Frühestens sechs Wochen nach dem Einschlagen der Wurzeln können Sie mit einer Ernte rechnen.

Gemüsepflanzen des Wurzelbeetes

1 Möhre, Rübe, Karotte

Daucus carota

Möhren stehen bei geschickter Sortenwahl und guten Lagermöglichkeiten fast das ganze Jahr über zur Verfügung.
Sorten: Man unterscheidet zwischen frühen Möhren und Lagermöhren mit walzenförmingen und keilförmigen Möhren. Wiederentdeckt wurden gelbe und rote Möhren.
Kultur: Möhren lieben einen humosen, aber nicht frisch gedüngten, tiefgründigen und lockeren Boden. Frühe Möhren können in günstigen Lagen schon im März ausgesät werden und sind im Juni/Juli erntereif. Späte Möhren für das Winterlager im April ausgesäen und Mitte September ernten.
Gesundheit: Gelegentlich Probleme mit Möhrenfliegen.
Vermehrung: Erfolgt über die Samen, die sich im zweiten Jahr nach der Blüte bilden.

Vorbereitungen für den Winter

Für eine weitere Kultur nach der Ernte der Möhren und Roten Bete ist es in ungünstigen Lagen meist zu spät. Dennoch können Sie es mit einer Gründüngung (Senf oder Roggen) probieren. Roggen friert im Winter nicht ab, daher müssen Sie im Frühjahr den gesamten Roggen abmähen und in den Boden einarbeiten, bevor Sie weitere Kulturen anlegen können. In günstigen Lagen können Sie auf die abgeerntete Beetfläche noch Feldsalat aussäen, der sich im Oktober noch so weit entwickeln kann, dass Sie ihn im kommenden Frühjahr ernten und genießen können. Ansonsten können Sie das Beet auch mit dem Kultivator lockern und eine Schicht ungesiebten Kompost auf das Beet verteilen. Die verbleibenden Stöckchen werden dann im Frühjahr einfach abgeharkt.

Die Beethälfte mit den Schwarzwurzeln und Pastinaken geht so in den Winter. Beide Gemüsearten stehen an milden Wintertagen als frisches Gemüse zur Verfügung. Die Schwarzwurzel-Ernte ist immer etwas schwierig: Die Wurzeln reichen enorm lang und tief in den Boden, sollten aber möglichst ganz geerntet werden. Hier hilft folgender Ernte-Trick: Heben Sie dicht neben den Wurzeln einen Graben aus, der in der Tiefe mindestens der Länge der Wurzeln entspricht. Dann stechen Sie auf der anderen Seite der Wurzeln ein Spaten so tief in die Erde, dass Sie die Wurzeln mit der Rückseite des Spatenblattes in den Graben drücken können. Anschließend können Sie die Schwarzwurzeln aus dem nun lockeren Boden vorsichtig herausziehen. Sollten die Schwarzwurzeln noch eingelagert werden, dürfen Sie das Laub nicht abschneiden, sondern nur abdrehen.

Portraits zu Zwiebeln siehe Seite 90 f.; Portrait zu Chicorée siehe Seite 92.

2 Pastinaken

Pastinaca sativa

Sie bereichern im Winter und frühen Frühjahr unseren Speisezettel. Sie sind absolut winterhart. Die im Frühjahr frisch austreibenden Blätter haben einen petersilienähnlichen Geschmack und dienen zum Würzen.
Sorten: In Deutschland nur wenige Sorten im Handel.
Kultur: Pastinaken lieben einen humosen, nicht frisch gedüngten, sehr tiefgründigen und lockeren Boden. Sie haben wie die Schwarzwurzeln eine lange Vegetationszeit: Anfang April ausgesät, entwickeln sich anfangs langsam und werden erst ab dem Spätherbst an frost- und schneefreien Tagen geerntet.
Gesundheit: Pastinaken werden auch von den Möhrenfliegen aufgesucht.
Vermehrung: Über die Samen, die sich im zweiten Jahr nach der Blüte bilden.

3 Rote Bete, Rote Rüben

Beta vulgaris

Rote Bete sind zu unrecht in Vergessenheit geraten. Sie sind anspruchslos. Rote Rüben lassen sind bestens einlagern und stehen bis Mai in der Küche zur Verfügung.
Sorten: Neben der klassischen runden Roten Rübe gibt es auch walzenförmige, länglich geformte Rüben und Sorten mit rot-weiß geringeltem und gelbem Fruchtfleisch.
Kultur: Rote Rüben lieben einen humosen, nicht frisch gedüngten Boden. Erst Anfang Mai säen, da Spätfröste die Blütenbildung (Schossen) schon im ersten Vegetationsjahr auslösen. Ernte ab Mitte September. Rote Rüben lassen sich nicht verpflanzen.
Gesundheit: Fast schädlings- und krankheitsfrei.
Vermehrung: Roten Rüben bilden im zweiten Jahr nach der Blüte Samen.

4 Schwarzwurzel

Scorzonera hispanica

Ein heutzutage selten gegessenes Gemüse. Die schmackhaften Wurzeln sind etwas aufwändig in der Zubereitung, stehen aber an frostfreien Tagen den ganzen Winter über zur Verfügung.
Sorten: Es gibt nur wenige Sorten im Handel.
Kultur: Schwarzwurzeln lieben einen humosen, nicht frisch gedüngten, tiefgründigen und lockeren Boden. Sie haben eine lange Vegetationszeit. Sie müssen Anfang April ausgesät werden, damit man sie ab Ende Oktober ernten kann. Ernte wegen der Frosthärte an frost- und schneefreien Tagen im Laufe des Winters möglich.
Gesundheit: Problemlose Kultur.
Vermehrung: Über die Samen, die sich im zweiten Jahr nach der Blüte bilden.

Wiederentdeckt: Traditionelle Gemüse-Arten

SPEZIAL

Warum im eigenen Garten nicht einmal Gemüsepflanzen anbauen, die selbst in Spezialitätengeschäften nicht zu bekommen oder rar sind? Traditionelle Gemüse-Arten wurden von neuen Züchtungen verdrängt, die sich maschinell ernten lassen, einheitliche Größen und Abreifzeiten haben und sich gut transportieren und lagern lassen. Viele alte Gemüsesorten zeichnen sich durch eine lange Ernteperiode, geringe Nährstoffansprüche und eine gute Resistenz gegen Schädlinge aus. Oft haben sie sich im Laufe von Jahrhunderten an bestimmte regionale Standortbedingungen angepasst.

Darüber hinaus sind viele Wurzelgemüse winterfest – eine Eigenschaft, die heute bei einer Frischgemüseversorgung aus allen Kontinenten zwar nicht mehr so bedeutungsvoll erscheint, für den Hausgarten aber besonders interessant ist. So kann man die winterharten alten Gemüse-Arten bei frostfreiem Wetter den ganzen Winter über ernten. Stetig nachwachsende Gemüsepflanzen ermöglichen eine Ernte während des ganzen Sommers. Arbeitsintensive Erntespitzen, bei denen man zeitgleich reifende, aber schlecht lagerfähige Mengen kaum bewältigt, entfallen.

Stielmus, Rübstiel

(*Brassica rapa* var. *esculenta*)

Stielmus ist ein schnellwüchsiges Blattstielgemüse, das traditionell im Rheinland angebaut und verzehrt wurde. Nach fünf bis sieben Wochen hat er eine Höhe von etwa 15 cm entwickelt. Stielmus sät man ab April relativ dicht aus. Er stellt keine besonderen Ansprüche an die Bodenqualität. Man erntet die zarten Stiele und Blätter, indem man sie etwa 2 cm über dem Boden abschneidet. Die Pflanzen treiben wieder aus, so dass mehrere Schnitte möglich sind. Stielmus kann man roh als Salat oder gedünstet als Gemüse zubereiten (Foto: Sorte 'Namenia').

Zuckerwurzel (*Sium sisarum*)

Zuckerwurzel ist ein uraltes, vergessenes Wurzelgemüse. Diese Staude bildet jedes Jahr mehrere Wurzelstränge aus. Am zartesten ist sie im Herbst des ersten Jahres. Die Samen der Zuckerwurzel keimen sehr langsam – man sollte sie, bevor sie im April ausgesät werden, vorquellen. Nach dem Auflaufen werden sie auf 15 cm in der Reihe bei einem Reihenabstand von 20 cm vereinzelt. Die Wurzeln sind frosthart und können den Winter hindurch aus dem Garten geerntet werden. Sie schmecken als Rohkost geraspelt und mit Möhren gemischt, oder sie werden wie Schwarzwurzeln gekocht und als Püree zubereitet.

Teltower Rübchen (*Brassica rapa* var. *rapa*)
Dieses klassische Berlin-Brandenburger Gemüse – runde, 4 bis 6 cm dicke Rüben – kann im Frühjahr (März) oder Herbst (Anfang August) ausgesät werden. Teltower Rübchen wachsen idealerweise auf lockerem Sandboden ohne frische Düngung. Ernten kann man sie ab Oktober, wobei die Rüben am besten schmecken, wenn sie einmal kräftig Frost bekommen haben. In der Küche finden die Rüben, aber auch die Blätter Verwendung (Foto: Sorte 'Teltower Kleine').

Erdkastanie, Knollenkümmel
(*Bunium bulbocastaneum*)
Erdkastanien sind ein altes Wurzelgemüse mit haselnussgroßen Knollen. Ausgesät wird im April. Im ersten Jahr bildet jede Pflanze nur eine Knolle. Lässt man diese stehen, entwickeln sich im nächsten Jahr ein ganzer Pulk Knollen und gleichzeitig Samen. Beide sind im September erntereif. Nicht geerntete Knollen treiben neu aus. Man muss sie im Oktober auseinander pflanzen.

Haferwurzel (*Tragopogon porrifolius*)
Haferwurzeln werden wie Schwarzwurzeln angebaut. Man sät sie im zeitigen Frühjahr aus. Diese frohwüchsige Pflanze muss man auf 20 cm Abstand vereinzeln. Die Ernte beginnt im Oktober und zieht sich bei frostfreier Witterung durch den ganzen Winter. In der Küche werden die Haferwurzeln wie Schwarzwurzeln zubereitet, nur sind die Putzarbeiten auf Grund der verzweigten Wurzeln etwas aufwändiger. Die Korbblüte der Haferwurzel ist sehr dekorativ.

Spargelerbse (*Tetragonolobus purpureus*)
Diese sehr alte Art entwickelt vierflügelige Hülsen. Die Aussaat erfolgt ab Mitte Mai, ernten kann man ab Ende Juni bis zum Frostbeginn. Die Hülsen werden ganz jung geerntet. Alte Hülsen sind ungenießbar. Man bereitet sie wie Bohnen zu; sie haben einen spargelähnlichen Geschmack. Ihre kräftig-purpurroten Blüten zieren jedes Blumen- oder Gemüsebeet.

SPEZIAL

Wiederentdeckt: Traditionelle Gemüse-Arten (Fortsetzung)

Topinambur (*Helianthus tuberosus*)
Topinambur ist ein ertragreiches Knollengemüse. Die weiß-, gelb- und rotfleischigen Knollen legt man im März/April im Abstand von 30 x 70 cm in etwa 10 cm Tiefe. Im Spätherbst, wenn sich das Laub zurückzieht, beginnt die Ernte. Topinambur ist absolut winterhart, und die im Boden verbleibenden Knollen entwickeln im Folgejahr hübsche, sonnenblumenähnliche Korbblüten. Tobinambur ist anspruchslos und benötigt einen Platz, an dem er verwildern kann.

Kohlrübe, Steckrübe, Herbstrübe
(*Brassica napus* subsp. *rapifera*)
Die Steckrübe ist in Kriegs- und Hungerzeiten als Arme-Leute-Essen in Verruf geraten. Heute wird das schmackhafte und vitaminreiche Gemüse von Feinschmeckern als Delikatesse zubereitet. Sie sollten Steckrüben im Mai aussäen. Im Juni/Juli kann man die Pflanzen auf die bereits frei gewordenen Beetflächen setzen. Steckrüben vertragen leichten Frost, aber keinen Dauerfrost. Sie sind gut lagerfähig.

Guter Heinrich (*Chenopodium bonus-henricus*)
Der Gute Heinrich ist vom Spinat fast vollständig verdrängt worden. Dabei ist er im Hausgarten als mehrjährige Pflanze, die bis zu sechs Jahre laufend beerntet werden kann, ausgesprochen praktisch. Man sät im Oktober/November (Frostkeimer!) aus, und vereinzelt die Pflanzen im Frühjahr auf 30 cm in der Reihe. Die Pflanze wird bis zu 1 m hoch. Im Frühjahr erntet man die frischen Triebe bis zur Blütenbildung und bereitet sie wie Spinat zu.

Erdbeerspinat (*Chenopodium foliosum*)
Dieses Blattgemüse hat seinen Namen von den Blattachseln, in denen sich kleine rote, erdbeerähnliche Früchte bilden. Die Blätter und Früchte sind nicht sehr aromatisch, aber die Pflanze an sich ist sehr dekorativ. Erdbeerspinat sät man im März/April aus und kann ihn ab Ende Mai ernten.

Bodenständig oder hoch hinaus: das Bohnenbeet

Auf diesem Beet wachsen Buschbohnen, Rosenkohl, Brokkoli, Feldsalat und/oder Wintersalate. Da die Buschbohnen zu den Wärme liebenden Pflanzen gehören, die erst nach den Eisheiligen Mitte Mai ausgelegt werden dürfen, wird die Vegetationszeit von April bis Mitte Mai für eine Gründüngung genutzt. In die wachsende Gründüngung legen Sie dann die Bohnen. Diese gehören zu den Leguminosen und reichern dieses Beet mit Stickstoff an. Diesen Stickstoff benötigen die Kohlpflanzen, die zwischen die Buschbohnen gepflanzt werden und in ihrem Schatten heranwachsen. Die Buschbohnen sind abgeerntet, wenn die Kohlpflanzen mehr Platz für ihre Entwicklung benötigen. Zwischen den Kohlpflanzen kann sich noch Wintersalat entwickeln.

Gründüngung aussäen

Die Bohnen kommen – auch bei einer Aussaat unter Folie – erst relativ spät in die Erde, so dass Sie die Vegetationszeit im April für eine schnell wachsende Gründung nutzen sollten. Als Gründüngungspflanzen bieten sich auf diesem Beet die schnell wachsenden Aussaaten von Gelbsenf (*Sinapis alba*) oder Büschelschön (*Phacelia*) an. Da die Bohnen zur Familie der Leguminosen gehören, darf die Gründüngung auf diesem Beet nicht aus Leguminosen bestehen. Für die Aussaat der Gründüngung werden die ersten schönen Tage Mitte bis Ende März genutzt. Entsprechend der hier

April *Mai* *Juni* *Juli* *Aug.* *Sept.* *Okt.*

Durchgewachsener Gelbsenf als Gründüngung im sommerlichen Gemüsegarten, zusammen mit Ringel- und Studentenblumen.

vorgestellten Fruchtfolge stand auf den Flächen vom Vorjahr Wurzelgemüse. Für die letzten noch im Boden verbliebenen Pastinaken und Schwarzwurzeln ist jetzt, bevor das Wurzelgemüse wieder austreibt, der spätest mögliche Erntezeitpunkt. Sie sind in dieser nachwinterlichen Zeit das rare frische Gemüse aus eigener Ernte.

Nach der Ernte des Wurzelgemüses ebnen Sie das Beet mit der Harke ein. Die übrige Fläche dieses Beetes, auf der im vergangenen Jahr die Möhren und Zwiebeln standen, wird ebenfalls mit dem Grubber gelockert und mit der Harke eingeebnet. Falls Sie auf dieser Fläche im Herbst ungesiebten Kompost ausgebracht haben, ist jetzt der Zeitpunkt zum Abharken des nicht verrotteten Materials gekommen. Haben Sie hier Feldsalat ausgesät, müssen Sie ihn jetzt abernten und den Boden mit der Grabegabel lockern. Die Gründüngungssamen verteilen Sie anschließend gleichmäßig über die gesamte Fläche. Statt die Samen einzuharken, sollten Sie sie mit grob gesiebtem Kompost dünn überdecken. Diese Gründüngung kann bis Ende April und zum Teil bis Mitte Mai wachsen, sie erreicht dann eine Höhe von 10 bis 20 cm.

Einkaufsliste für ein 4 m langes Bohnenbeet

Gründüngung: 500 g Gelbsenf oder Büschelschön (Phacelia)
1 Samentüte Bohnen (etwa 140 Bohnen)
1 Samentüte einjähriges Bohnenkraut
8 Rosenkohlpflanzen *
8 Brokkolipflanzen *
1 Samentüte Borretsch
1 Samentüte Feldsalat
oder alternativ für insgesamt drei Reihen:
Endiviensalatpflanzen *
Radicciopflanzen *
Wintersalatpflanzen *
Zuckerhutpflanzen *
* Pflanzen gekauft oder vorgezogen

Bohnen unter Folie legen

Bohnen gehören zu den Pflanzen, die erst nach den Eisheiligen (ab 20. Mai) gelegt werden dürfen. Dann besteht keine Bodenfrostgefahr mehr, und der Boden hat sich auf etwa 10 °C erwärmt. Doch auch hier lässt sich mit einer Lochfolie der Witterung ein Schnippchen schlagen. So geschützt, können Sie die Bohnen auch schon Ende April legen und Sie erhalten Ende Juni/Anfang Juli die ersten frischen Bohnen. Dieses Verfahren lohnt sich auf alle Fälle für einen Teil der Bohnenaussaat, da sich die Bohnenernte dann über einen längeren Zeitraum erstreckt und man hoffentlich nicht mit der Urlaubszeit in Konflikt kommt. Bei Buschbohnen kann man zwischen verschiedenen frühen und späten Sorten und zwischen grünen und gelben Bohnen (Wachsbohnen) wählen. Hier sollte jeder seine persönlichen Vorlieben entdecken.

Bis Ende April ist die Gründüngung meist schon 10 cm hoch gewachsen. Für die frühen Bohnen hacken Sie die Gründüngung auf einem 10 cm breiten Streifen weg und lockern den Boden hier mit dem Kultivator. In diese Reihe legen Sie die Bohnen in Gruppen zu je fünf bis sieben Bohnen im Abstand von etwa 30 cm zueinander. Der Abstand zwischen den Bohnenreihen wird mit 60 cm etwas breiter gewählt als auf den Bohnenpackungen angegeben. Die Bohnen-Samen bedecken Sie dünn mit Erde und überziehen das Beet anschließend mit einer Lochfolie.

Bohnen ohne Folie legen

Für die „normalen“ Bohnen, die Sie ohne Folie Mitte Mai nach den Eisheiligen auslegen, müssen Sie die Gründüngung komplett abhacken. Diese hat jetzt eine Höhe von 20 bis 30 cm erreicht. Sie hacken die Gründüngung am besten mit einer breiten, scharfen Hacke zwei bis drei Tage, bevor Sie die Bohnen aussäen. Dann sind die Pflanzen bis zur Aussaat zusammengefallen und angewelkt. So lassen sie sich besser als Mulchmaterial auf dem verbleibenden Raum zwischen den Bohnenreihen verteilen. Die Reihen für die Bohnen lockern Sie wieder mit dem Kultivator. Der Abstand zwischen den Bohnenreihen wählen Sie mit 60 cm wie bei den frühen Bohnen etwas breiter, da Anfang Juni in diese Zwischenräume die Kohlpflanzen gesetzt werden. Vorerst liegt hier die vertrocknete und verrottende Gründüngung.

Bohnensamen zwischen der Gründüngung.

Angehäufelte Bohnenpflanzen.

Legen Sie die Bohnen-Samen nicht in kalte oder nasse Erde, da die Samen sich hier nur zögerlich entwickeln und schnell ein Opfer der Bohnensaatfliege werden (siehe auch Seite 129).

Buschbohnen können Sie noch bis Ende Juni legen, spätere Aussaaten werden in unseren Breiten meist nicht mehr reif. Eine Reihe dieser späten Bohnen sollte man immer mit einplanen: Eventuell lassen sich diese späten Bohnen dort, wo die Saat nicht wunschgemäß gekommen ist, einschieben. Durch die verschiedenen Aussaattermine erhält man den ganzen Sommer über bis in den Herbst hinein frische Bohnen.

Bohnenkeimlinge pflegen

Nach dem Auflaufen der Bohnen hacken Sie die Fläche vorsichtig. Dadurch wird der Boden gelockert, und Verkrustungen, die sich insbesondere nach Regenfällen bilden, werden aufgebrochen. Wenn die Bohnen etwa 15 cm hoch sind, häufeln Sie sie bis auf die Höhe der Keimblätter an. Dies erhöht die Standfestigkeit der Bohnenpflanzen. Eine Düngen der Bohnen ist nicht erforderlich. Gießen ist in Trockenperioden während der Blüten- und Bohnenentwicklung notwendig.

Kohlpflanzen setzen

Mitte Juni ist von der zwischen den Bohnenreihen abgelegten Gründüngung fast nichts mehr zu finden. Die breiten Reihen lockert man mit dem Kultivator, aufkommendes Unkraut wird entfernt, und bei Bedarf häufelt man die Bohnen nochmals an. Rosenkohl- und Brokkolipflanzen, die inzwischen aus dem Vorzuchtbeet

Gemüsepflanzen des Bohnenbeetes

1 **Blumenkohl**
Brassica oleracea var. *botrytis*

Einen Blumenkohl aus dem eigenen Garten ist eine Delikatesse.
Sorten: Man unterscheidet zwischen Sorten für den Frühjahrs- und Herbstanbau sowie winterharten Sorten, die im Sommer ausgesät und im darauf folgenden Frühjahr geerntet werden. Es gibt auch Sorten mit gelb-grünen und dekorativ geformten Köpfen („Romagnola")
Kultur: Blumenkohlpflanzen sind die „Divas" unter den Kohlgewächsen. Sie benötigen den höchsten Nährstoffgehalt, die beste Bodenqualität und konstante Feuchtigkeit. Ernten Sie, sobald die „Blume" eine feste Kugel gebildet hat.
Gesundheit: Achten Sie auf Kohlschädlinge (siehe Seite 125 ff.).
Vermehrung: Aus den nicht geernteten Köpfen entwickeln sich Blüten und Samen.

verpflanzbar sind oder aus der Gärtnerei stammen, setzen Sie im Abstand von etwa 50 cm zueinander zwischen die Bohnenreihen. Dabei geben Sie großzügig reifen Kompost in das Pflanzloch und gießen die Kohlpflanzen mit verdünnter Brennnessel-Jauche ausgiebig an. Im Schutz der Bohnen wachsen diese Pflanzen ausgesprochen gut. Nur bei der Bohnenernte im Juli müssen Sie aufpassen, dass Sie die Kohlpflanzen nicht zertreten. Die Rosenkohl- und Brokkolipflanzung sollten Sie bis spätestens Mitte Juni vornehmen, da sonst die Wachstumszeit für die Pflanzen nicht mehr ausreicht. Auf den Anbau von Kohlpflanzen müssen Sie verzichten, wenn bei Ihnen im Garten die gefürchtete Kohlhernie aufgetreten ist (siehe auch Seite 125).

Bohnen ernten

Die Bohnenernte beginnt, wenn sich Ende Juni die ersten längeren Bohnen bilden. Zur Ernte müssen Sie beide Händen nehmen, damit Sie beim Abpflücken der Schoten nicht die ganze Bohnenpflanze herausziehen. Mit einer Hand halten Sie die Pflanze, mit der anderen knipsen Sie die Bohnenschoten ab. Die Pflanzen sollten einmal die Woche durchgepflückt werden. Je nach Bohnen-Sorte sind mehrere Folgeernten möglich.

Bohnen, die mit dunkelbraunen Flecken überzogen sind, sind von der Brennfleckenkrankheit befallen, eine Pilzkrankheit, die sich in feuchten Sommern ausbreitet (siehe auch Seite 129). Greifen Sie auf krankheitsresistente Bohnensorten wie 'Dubletta' (Universalsorte), 'Flevoro' (Filetbohne), 'Montano' (ertragreich) oder 'Valdor' (goldgelbe Wachsbohne) zurück.

Portraits für Feld- und Wintersalat: siehe Seite 80 ff.

2 Brokkoli
Brassica oleracea var. *italica*

Ideal für den Hausgarten, da jede Brokkolipflanze bis in den Herbst immer wieder neue Brokkoliröschen bildet.
Sorten: Viele Sorten kann man für den Frühjahrs-, als auch für den Herbstanbau verwenden.
Kultur: Brokkoli liebt einen humosen, gut gedüngten, lockeren Boden. Die Nährstoffansprüche sind nicht so hoch wie bei Blumen- oder Kopfkohl. Ab März vorziehen und ab Mitte April im Freiland kultivieren. Beim Frühjahrsanbau ist die Erntezeit kurz, da sich im Sommer schnell Blüten bilden. Für den Herbst- und Winteranbau Anfang Juni pflanzen.
Gesundheit: Auf alle Kohlschädlinge und auf Mehltau achten.
Vermehrung: Früher Brokkoli neigt im Sommer zur schnellen Blüten- und Samenbildung.

3 Buschbohnen
Phaseolus vulgaris

Bei richtiger Sortenwahl und zweimaligem Säen kann man bis in den Herbst ernten.
Sorten: Große Sortenvielfalt: grüne, blaue und gelbe Bohnen mit runden oder flachen Hülsen sowie sehr frühe und mittelfrühe Sorten. Achten Sie auf fadenlose, virusresistente Bohnen-Sorten (siehe Seite 130).
Kultur: Buschbohnen wachsen auf nicht gedüngtem Gartenland, lieben aber einen lockeren und warmen Boden. Sie sind sehr frostempfindlich, können aber bereits ab Juli geerntet werden. Für den Herbstbedarf kann man bis Anfang Juli aussäen.
Gesundheit: Bohnenkeimlinge werden gerne von der Bohnenfliege aufgesucht.
Vermehrung: Buschbohnen vermehren sich über die Samen in den Bohnenschoten.

4 Rosenkohl
Brassica oleracea var. *gemmifera*

Pflegeleichtes Wintergemüse. Die Röschen je nach Bedarf von unten nach oben an den aufrechten Sprossachsen abernten.
Sorten: Man kennt winterharte und frostempfindlichere Sorten.
Kultur: Rosenkohl liebt wie alle Kohlpflanzen einen humosen, gut gedüngten, lockeren Boden, ist aber nicht so anspruchsvoll wie Blumen- oder Kopfkohl. Zuerst auf dem Vorzuchtbeet vorziehen und Anfang Juni auf seinen endgültigen Standort verpflanzen. Dort bis in den Winter stehen lassen. Winterharte Sorten werden durch den Frost im Geschmack milder.
Gesundheit: Rosenkohl wird gern von der Weißen Fliege aufgesucht.
Vermehrung: Der Rosenkohl bildet erst im zweiten Jahr Blüten und Samen.

Kohlpflanzen pflegen

Nach der letzten Bohnenernte Mitte Juli bis Anfang August entfernen Sie sofort das Kraut und bringen es auf den Kompost. Dabei sollten Sie die Knöllchenbakterien an den Bohnenwurzeln abstreifen und auf dem Beet belassen. Die Bohnenreste können Sie auch kleingeschnitten als Mulch zwischen die Kohlpflanzen legen, nur ist dann keine weitere Aussaat auf der Fläche möglich. Die Erde wird mit dem kleinen Kultivator gelockert und aufkommendes Unkraut entfernt. Die Rosenkohl- und Brokkolipflanzen erhalten jetzt eine ausgiebige Jauchegabe und eine Schaufel voll reifen Kompost pro Pflanze. Den Kompost verteilen Sie wie beim Anhäufeln direkt um die Pflanzen, was ihnen neben des Düngeeffektes auch eine zusätzliche Standsicherheit gibt.

Verschiedene Kohlarten

Wintersalat aussäen

Dort, wo die Bohnen jetzt viel Freiraum hinterlassen haben, werden ein bis zwei Reihen Feldsalat mit etwa 10 cm Abstand gesät. Statt Feldsalat können Sie bis Mitte August auch Wintersalat, Endivien, Radicchio oder Zuckerhut pflanzen. Den Salat können Sie noch im Spätherbst ernten und zu knackig-frischen Vitaminspendern zubereiten.

Im September müssen Sie das Beet nochmals durchhacken, um das keimende Unkraut aus dem Kompost im Zaum zu halten. Im Prinzip erfährt das ehemalige Bohnenbeet keine spezielle Vorbereitung für den Winter, da hier noch laufend geerntet wird.

Brokkoli, Rosenkohl, Feld- und Wintersalat ernten

Die Ernte der spät gepflanzten Brokkolipflanzen beginnt im September. Geerntet wird zuerst die grüne Mittelknospe, danach entwickeln sich aus den Blattachseln weitere Nebentriebe mit kleineren „Blumen“. Diese können Sie bis zum Einbruch der ersten stärkeren Fröste laufend ernten. Ein Vorteil dieses späten Brokkoli ist, dass die Knospen nicht mehr so schnell wie bei den langen und heißen Tagen des Sommers in die Blüte übergehen. Sollte sich doch einmal eine Blüte gebildet haben, müssen Sie diese herausbrechen.

Bereits Anfang September sollten Sie die Spitzen der Rosenkohlpflanzen für eine stärkere Röschenbildung ausbrechen – das erhöht den Rosenkohl-Ertrag. Die Rosenkohlernte beginnt erst nach dem ersten Frost, da die Röschen dann feiner und milder schmecken. Rosenkohl ist relativ frosthart; Sie sollten die Ernte allerdings abgeschlossen haben, bevor anhaltende Temperaturen von unter −10 °C einsetzen. Beginnen Sie mit der Ernte der untersten Röschen und lassen Sie den oberen noch etwas Entwicklungszeit.

Falls Sie sich bei Ihrem Wintersalat für Feldsalat entschieden haben, so ist dieser vollkommen winterhart und kann je nach Witterung den Winter über geerntet werden. Im Frühjahr, meist Ende März, sollte die Ernte abgeschlossen sein, denn dann beginnt der Feldsalat sich zu strecken und anschließend Blüten zu bilden.

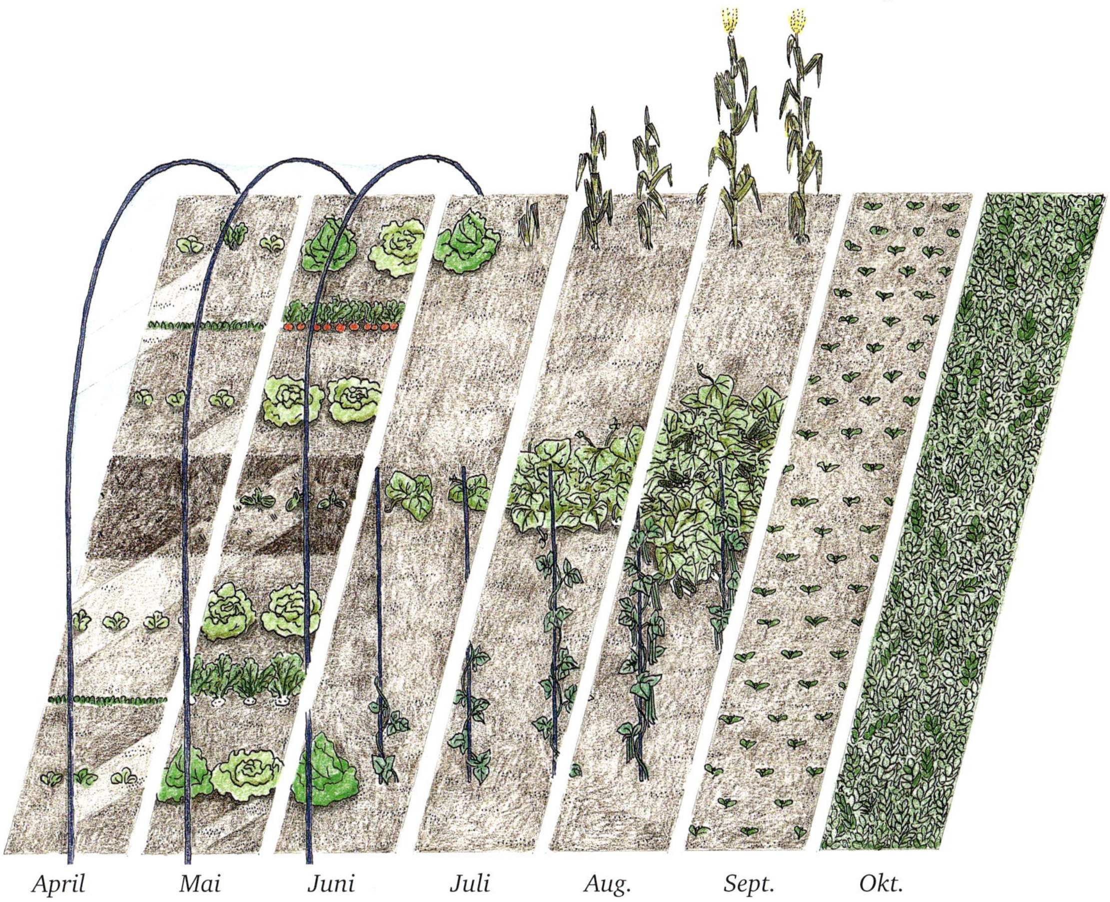

Kulinarisches aus der Neuen Welt: das „Indianerbeet“

Auf diesem Beet werden die traditionell von den Indianen angebauten Gemüsepflanzen Mais, Bohnen und Kürbisgewächse angebaut. Diese Pflanzen stehen jetzt als „Namenspaten“ für dieses Beet.

Im Mai werden von diesem Beet die ersten Radieschen, Salatköpfe und Kohlrabi geerntet. Um diese frühen Ernten zu erzielen, überziehen Sie das Beet im Frühjahr mit einem Folientunnel. Dieser bietet zusätzlich noch Platz für die Wärme liebenden Gurken und Zucchini, die ansonsten erst Mitte Mai nach den Eisheiligen ins Freiland dürften. In der ersten Anbauphase werden Salat, Frühkohl, Radieschen und Rettich, in der zweiten Anbauphase Gurken und Zucchini und in der dritten Stangenbohnen und Mais angebaut. Zwischen den hochwachsenden Bohnen- und Maispflanzen bildet sich dann ein ideales Mikroklima für die Wärme liebenden Gurken und Zucchini.

Einkaufsliste für ein 4 m langes „Indianerbeet“

1 Samentüte frühe Radieschen
1 Samentüte Eiszapfen
1 Samentüte Frührettich
26 Salatpflanzen *
6 Kohlrabipflanzen *
6 Frühkohlpflanzen *
1 Samentüte Zuckermais
1 Samentüte Stangenbohnen (für 6 Bohnenstangen)
1 Samentüte Gurken
2 Zucchinipflanzen *
Gründüngung: Sommerwicken oder Bitterlupinen
* Pflanzen gekauft oder vorgezogen

Salatpflanzen setzen, ...

Pflanzen angießen ...

und den Folientunnel spannen.

Alle Feldfrüchte von diesem Beet sind Mitte September abgeerntet, und die im Herbst verbleibende Vegetationszeit können Sie noch für eine Gründüngung nutzen.

Feldsalat/Wintersalat ernten

Im Vorjahr standen auf diesem Beet Buschbohnen, gefolgt von Rosenkohl mit Feldsalat oder Wintersalat. Der Feldsalat hat auf dem Beet überwintert und wächst bis Anfang April nochmals deutlich. Sie sollten ihn abernten, bevor er Anfang bis Mitte April zu schossen beginnt und Blüten bildet. Am Beetrand kann man ein paar Pflanzen zum Aussamen stehen lassen. Hierdurch spart man das Saatgut für das kommende Jahr. Der Feldsalat breitet sich gerne im ganzen Garten „wild“ aus. Auf diese Weise kommt man in den Genuss des Feldsalates, ohne viel dafür zu tun.

Das „Indianerbeet“ vorbereiten

Nach der Ernte des Feldsalates ist Anfang bis Mitte April der richtige Zeitpunkt, um das Beet für das neue Gartenjahr vorzubereiten. Da der Nährstoffgehalt im Boden für die Starkzehrer Gurken und Zucchini nicht ausreicht, ziehen Sie für diese Pflanzen einen Mist- oder Kompostgraben. Dazu heben Sie einen etwa 15 cm tiefen und 20 cm breiten Graben aus und füllen ihn mit abgelagerter, reifer Mistbeeterde beziehungsweise mit Kompost; auch Hühner-, Rinder- oder Pferdemist ist möglich. Anschließend decken Sie den Graben mit der ausgehobenen Erde ab und markieren ihn mit Stöckchen.

Wenn Sie frischen Mist verwenden wollen, sollten Sie zwei Teile Mist mit einem Teil Kompost vermischen. Hierdurch verrottet der frische Mist besser und er ist für die Wurzeln der Gurken- und Zucchini-Pflanzen verträglicher. Die übrige Beetfläche lockern Sie mit der Grabegabel und glätten sie mit Grubber und Harke.

Den Folientunnel mit frühen Gemüsekulturen bepflanzen

Links und rechts der „Gurkenrille“ setzen Sie je eine Reihe Salatpflanzen mit einem Abstand von 30 cm in der Reihe. Neben die Salatpflanzen säen Sie mit 15 cm Abstand die schnell wachsenden Radieschen, Eiszapfen und Frühretticheche, wobei Sie alle Samen mit einem Abstand von 3 cm in die Reihe legen. Diese so genannte Einzelkornaussaat ist etwas mühevoller, aber die Pflanzen entwickeln sich besser und es erübrigt sich später das Vereinzeln. Die Reihen drücken Sie anschließend mit dem Harkenrücken an, wobei die Radieschensamen nur 0,5 bis 1 cm tief im Boden liegen dürfen, da es ansonsten zu Entwicklungsstörungen kommt.

Auf die verbleibenden äußeren Beetflächen pflanzen Sie Salat und Kohlrabi oder Frühkohl im Wechsel, wobei Sie die Pflanzen im Abstand von 15 cm zu den Radieschen und mit einem Abstand von 30 cm in der Reihe setzen. Alle Pflanzen in diesem Folientunnel erhalten eine ausgiebige Kompostgabe in das Pflanzloch. Nach dem Pflanzen gießen Sie alle Pflanzen vorsichtig an und spannen dann den Folientunnel.

TIPP

Der Gurken-Tipp

Probieren Sie es beim Gurken-Anbau im Hausgarten doch mal mit den so genannten „Zweinutzungssorten“! Im jungen Stadium können Sie die Gurken als Essiggurken einlegen, als größere Gurken können Sie sie als köstliche Salat- oder Schmorgurken zubereiten.

Radieschen, Salatköpfe und Kohlrabi pflegen

Je nach Witterung müssen Sie alle Pflanzen gießen und bei anhaltend warmen Temperaturen den Tunnel tagsüber öffnen. Die jungen Salat- und Kohlpflanzen werden sehr gern von Schnecken aufgesucht. Hier müssen Sie die Blätter regelmäßig kontrollieren und Maßnahmen gegen die Schnecken ergreifen (siehe Seite 134 f.). Eventuell müssen Sie auch auf ein für den Haus- und Kleingarten zugelassenes Schneckenkorn zurückgreifen, das Schneckenvertilger wie den Igel nicht in Mitleidenschaft zieht. Die Radieschen und Rettiche sind im Folientunnel vor Erdflöhen (siehe Seite 130) gut geschützt. Das feuchtwarme Klima des Folientunnels bietet keinen günstigen Lebensraum für diese Schädlinge, die es eher trocken lieben.

Mitte Mai können Sie die ersten Radieschen, Eiszapfen und in günstigen Lagen auch die ersten Salatköpfe und Kohlrabi ernten. Diese räumen das Beet für die Wärme liebenden Hauptkulturen.

Sich ausbreitende Kürbispflanzen.

Den Folientunnel mit Wärme liebenden Gemüsekulturen bepflanzen

Die Gurken und Zucchini können Sie als Wärme liebende Pflanzen auch schon vor den Eisheiligen unter diesen Folientunnel legen, wobei Sie

auch hier auf eine Bodentemperatur von mindestes 10 bis 12 °C achten sollten. In Gebieten mit sehr wechselhaftem oder rauerem Klima kann es sinnvoll sein, die Zucchini-, Gurken- und Maispflanzen für dieses Beet im Frühbeet (siehe Seite 45 ff.) vorzuziehen. Diese Pflanzen werden dann Mitte Mai ausgepflanzt.
Sie legen den Gurkensamen im Abstand von 5 bis 6 cm in die Mitte der vorbereiteten „Gurkenrille" und bedecken ihn dünn mit Erde. Die Zucchini kommen an die äußeren Enden dieser Reihe, wobei Sie jeweils zwei Samen pro vorgesehene Pflanze in den Boden legen. Die schwächer entwickelte Pflanze entfernen Sie später. Sollten Sie bereits gut entwickelte Pflanzen verwenden, können Sie diese gleich auf den endgültigen Abstand setzen. Bei Gurken kommen sechs bis acht Pflanzen auf den laufenden Meter, bei Zucchini reicht eine Pflanze pro Meter, da sie sich im Laufe der Zeit stark ausbreitet.
Das Gurkensortiment ist sehr umfangreich und hält für jeden Anbau- und Verwendungszweck spezielle Sorten bereit. Entsprechend den Anbaubedingungen unterscheidet man zwischen Freiland- und Gewächshausgurken, je nach Verwendungszweck unterteilt man in Einlege-, Senf- und Salatgurken.
Wenn der Salat in einer der äußersten Reihe geerntet ist, säen oder pflanzen Sie Mais auf diese frei gewordenen Flächen. Dazu werden vier Samen auf diesen 30 bis 40 cm langen Reihenabschnitt gelegt, die Sie später auf zwei der kräftigsten Pflanzen reduzieren. Wenn der Mais vorgezogen und jetzt gepflanzt wird, kommen entsprechend zwei Pflanzen auf die ehemaligen Salatflächen. Die Maispflanzen erhalten eine großzügige Kompostgabe in das Pflanzloch, da sie hohe Ansprüche an die Nährstoffversorgung haben.

Gemüsepflanzen des „Indianerbeetes"

1 3
2 4

1 Gurken
Cucumis sativus

Gurken sind ein klassisches Sommergemüse. Neben dem Einlegen kann man auch schmackhafte Gemüse und kalte Suppen zubereiten.
Sorten: Gehandelt werden Hybrid-Sorten, die nur weibliche Blüten ausbilden. Alte Sorten lassen sich häufig als Salat-, Schäl- und Einlegegurke verwerten. Achten Sie auf bitterstofffreie und mehltauresistente Sorten (siehe Seite 132).
Kultur: Gurken sind hinsichtlich ihres Temperatur-, Feuchtigkeits- und Nährstoffbedarfs sehr anspruchsvoll. Erst Mitte Mai ins Freiland säen oder pflanzen, ab Juli ernten.
Gesundheit: Jungen Pflanzen vor Schnecken schützen. Im Spätsommer auf Echten Mehltau achten.
Vermehrung: Von ausgereiften und ertragreichen Pflanzen die Gurken-Samen aussäen (nicht bei Hybriden!).

Stangenbohnen setzen

Für die Stangenbohnen graben Sie Ende Mai etwa 3 m hohe Stangen auf den ehemaligen Salatflächen in eine der beiden äußeren Reihen ein. So haben die Stangenbohnen-Kletterhilfen einen Abstand von 60 cm, da schon die Salatpflanzen mit diesem Abstand gepflanzt wurden. Um jede Stange ziehen Sie im Abstand von etwa 10 cm eine 3 cm tiefe Rille, in die Sie zwölf Bohnensamen gleichmäßig um die Stange herum legen. Anschließend schließen Sie die Reihe wieder, so dass die Bohnenkerne etwa 2 cm tief in der Erde liegen. Wahlweise können Sie grüne, gelbe oder auch violette Bohnen legen.

Eine andere, sehr praktische Möglichkeit einer Bohnen-Rankhilfe: An beiden Beetenden graben Sie eine 3 m hohe Latte ein. Beide Latten werden durch eine oben aufgenagelte stärkere Verbindungslatte verbunden. An dieser Verbindungslatte bringen Sie im Abstand von 60 cm Bindfäden – beispielsweise stabile Paketschnur – an. Die Bohnensamen legen Sie hier, wie bei der Stange, in einem Kreis mit einem Durchmesser von 20 cm, nur kommen hier zusätzlich zwei Bohnensamen in die Mitte. An diese mittleren Bohnen befestigen Sie bei entsprechender Größe die Bindfäden. Die übrigen Bohnen ranken um die Fäden. Das Legen der Bohnen ist nur bis Mitte Juni möglich, später gelegte Bohnen reifen nicht mehr aus.

Stangenbohnen, Gurken und Zucchini pflegen

Die Stangenbohnen werden angehäufelt und dabei leicht in Richtung Stange gedrückt, wenn sie etwa 15 cm hoch sind. Während des weiteren Wachstums müssen Sie von Zeit zu Zeit kontrollieren, ob alle Bohnen an der Stange oder Schnur

2 Kohlrabi

Brassica oleracea var. *gongyloses*

Die ersten Gemüsepflanzen im Frühjahr, die uns mit frischem Grün versorgen.
Sorten: Es gibt schnellwachsende, normal großen Kohlrabi für den Früh- und Sommeranbau und langsam wachsende, große und lagerfähige Kohlrabi.
Kultur: Kohlrabi benötigt einen gut gedüngten, lockeren und gleichmäßig feuchten Boden. Frühen Kohlrabi im März vorziehen und ins Frühbeet oder in den Folientunnel pflanzen. Späten Kohlrabi mit den übrigen Kohlpflanzen vorziehen, im Juni verpflanzen und bis in den Spätherbst hinein ernten. Sie sind begrenzt lagerfähig.
Gesundheit: Junge Kohlrabipflanzen werden von Schnecken gefressen.
Vermehrung: Pflanzen bilden im zweiten Jahr Blüten und Samen.

3 Radieschen, Eiszapfen & Co.

Raphanus sativus

Die ersten frischen Radieschen im Frühjahr sind die Belohnung für bereits erledigte Gartenarbeiten.
Sorten: Die Sortenvielfalt ist mit unterschiedlich rot- bis weißgefärbten Radieschen sehr groß. Unterschieden werden die ausgesprochen schnellwüchsigen Frühjahrs-Sorten und die für den Sommeranbau geeigneten Sorten.
Kultur: Radieschen schon zeitig im Frühjahr säen. Frühere Ernte mit Hilfe eines Folientunnels möglich. Radieschen und Sommerrettiche gleichmäßig feucht halten, da sie ansonsten pelzig und im Geschmack sehr scharf werden.
Gesundheit: Schnecken und Erdflöhe gefährden die Radieschen.
Vermehrung: Noch im gleichen Jahr bilden Radieschen Blüten und anschließend Samen.

4 Stangenbohnen

Phaseolus vulgaris var. *vulgaris*

Mit Wuchshöhen von über 3 m sind sie auf die Fläche bezogen viel ertragreicher als Buschbohnen. Ihr Geschmack ist etwas aromatischer.
Sorten: Es gibt neben den traditionellen grünen auch gelbe, violette und inzwischen auch zweifarbige Stangenbohnen. Neue Züchtungen sind meisten fadenlos.
Kultur: Stangenbohnen sind kälteempfindlich, erst nach den Eisheiligen säen. Hinsichtlich ihres Nährstoffbedarfs anspruchsvoller als Buschbohnen. Eine mindestens 2 m hohe Kletterhilfe bereitstellen. Ernte ab Ende Juli.
Gesundheit: Die Keimlinge werden gerne von der Bohnenfliege aufgesucht.
Vermehrung: Von gut gewachsenen und ausgereiften Pflanzen kann man Bohnenkerne als Saatgut gewinnen.

Stangenbohnenernte mit Helfer.

einen Halt gefunden haben. Bis Mitte Juni sind die letzten Radieschen, Salat- und Kohlpflanzen geerntet und die Gurken und die Zucchini übernehmen jetzt den frei gewordenen Platz. Bevor sich eventuelle Unkräuter breit machen, sollten Sie diese Fläche einmal durchhacken.

Um die Anzahl der Seitentriebe bei den Gurken zu fördern, können Sie die Triebspitzen kappen, wenn die Gurkenpflanze vier bis fünf Blätter hat. Bei Hybridsaatgut ist diese Maßnahme nicht nötig, da die Pflanzen kompakt wachsen und sich von allein gut verzweigen.

Stangenbohnen, Gurken und Zucchini ernten

Die Ernte der Stangenbohnen beginnt meist Ende Juli/Anfang August. Da die Bohnen nach und nach reifen, müssen Sie sehr sorgfältig mit beiden Händen pflücken. Da auf keinen Fall Blüten oder Fruchtstände mit noch nicht pflückreifen Hülsen beschädigt werden sollten, hält man mit einer Hand den Fruchtstand und pflückt mit der anderen die reifen Hülsen.

Gemüsepflanzen des „Indianerbeetes“ (Fortsetzung)

1 Zucchini

Cucurbita pepa

Zucchini wachsen laufend nach und können bis in den Herbst hinein geerntet werden. Die hübsche Blüte kann man nicht nur zum Dekorieren, sondern auch zum Essen nutzen.
Sorten: Die Sortenvielfalt reicht von gelben bis grünen Zucchini mit runden, keulenförmigen und länglichen Früchten.
Kultur: Mitte April im Frühbeet vorziehen und Mitte Mai aufs Beet pflanzen, ab Ende Mai auch direkt legen. Zucchini benötigen einen nährstoffreichen und feuchten Boden.
Gesundheit: Junge Zucchinipflanzen werden gerne von Schnecken aufgesucht, im Spätsommer sind sie anfällig für Mehltau.
Vermehrung: Eine eigene Vermehrung ist nicht möglich, da meist Hybridsaatgut gehandelt wird.

2 Zuckermais

Zea mays

Beim Zuckermais wird der Zucker in den Körnern nicht so zügig in Stärke umgewandelt wie beim auf den Feldern angebauten Futtermais. Zur Milchreife geerntete Maiskolben schmecken süß und fruchtig.
Sorten: Im Handel werden fast nur noch Hybrid-Sorten angeboten. Im Biosaatgutbedarf sind nur noch wenige samenechte Sorten im Angebot. Es gibt auch Mais-Sorten mit roten und schwarzen Körnern.
Kultur: Hoher Nährstoffbedarf. Anfang Mai im Garten aussäen oder im Frühbeet vorziehen. Im August kann man sich auf die ersten Kolben freuen.
Gesundheit: Im Hausgarten gibt es meist keine Probleme.
Vermehrung: Eine eigene Vermehrung ist nicht möglich, da meist Hybridsaatgut gehandelt wird.

1

2

Gurken sind zugegebenermaßen ein recht aufwändiges Gemüse, bei dem die Erntezeit von Mitte Juli bis Ende August für viele in die Urlaubszeit fällt. Sie müssen regelmäßig jeden zweiten Tag ernten, wenn Sie kleine, knackige Gurken haben möchten. Zucchini sind wesentlich einfacher, und ihr Anbau ist immer von Erfolg gekrönt. Hier besteht die größte Herausforderung darin, die Masse an Früchten rechtzeitig zu verwerten und die Zucchini schon im jungen Zustand zu ernten, da sie dann am schmackhaftesten sind.

Mais können Sie nach und nach von Juli bis in den September ernten. Die Maiskolben sind reif, wenn die aus dem Kolben herausragenden Griffelhaare eingetrocknet sind.

Gründüngung aussäen

Spätestens Mitte September lässt die Fruchtbildung der Zucchini deutlich nach, die Maiskolben sind abgeerntet und die letzten Gurken gepflückt. Jetzt können Sie alles abräumen und die Beetfläche mit einem Kultivator zur Lockerung des Bodens durchziehen. Die Vegetationszeit bis zum Winter sollten Sie noch für eine Gründüngung nutzen. Für dieses Beet bieten sich schnell wachsende, über den Winter abfrierende Leguminosen (z.B. Sommer-Wicken) oder auch ein Leguminosen-Gemisch (Gelb-Senf/Sommer-Wicken/Büschelschön) an. Die Samen werden breitwürfig auf den gelockerten Boden gestreut und mit einer dünnen Schicht ungesiebtem Kompost abgedeckt. Bis zum ersten stärkeren Frost ist diese Gründüngung noch etwa 10 bis 20 cm hoch gewachsen und hinterlässt für den Kartoffelanbau im kommenden Jahr einen nährstoffreichen, krümeligen Boden.

Portraits zu Feldsalat/Wintersalat: siehe Seiten 80 ff.

3 Spitzkohl, Weißkohl
Brassica oleracea var. *capitata*

Der Anbau von Weißkohl für den Wintervorrat und zur Sauerkrautherstellung lohnt meist im Hausgarten nicht. Interessant ist aber der Anbau des frühen Spitzkohls. Ein milder, Ende Mai reifer Kohl, den man zu Salat und Gemüse zubereiten kann.
Sorten: Es gibt nur wenige Sorten im Handel.
Kultur: Für frühen Spitzkohl ist eine Vorzucht ab Mitte März notwendig, verpflanzt wird Mitte April in den Folientunnel. Er benötigt eine nährstoffreichen, humosen Boden und konstante Feuchtigkeit. Die locker schließenden, spitz zulaufenden Köpfe ab Ende Mai ernten
Gesundheit: Auf alle Kohlschädlinge achten (siehe Seite 125).
Vermehrung: Aus den nicht geernteten Köpfen entwickeln sich Blüten und Samen.

Salat zu jeder Jahreszeit

SPEZIAL

Das Salatjahr beginnt mit dem ersten zarten Kopfsalat aus dem Frühbeet, im Sommer folgen Schnitt- und Pflücksalate und der aromatische Rucola. Im Herbst schließen sich Endiviensalat und Radiccio an, die über den Winter von Feldsalat und Chicorée abgelöst werden. Die Saison endet im darauf folgenden Frühjahr, wenn die letzten Feldsalatpflänzchen und der Wintersalat geerntet sind. Der Hausgarten bietet Ihnen die Möglichkeit, diese Salate immer frisch zu ernten und sie ohne lange Lagerzeiten und Transportwege zu verwerten. Nutzen Sie die Sortenvielfalt, um sie optimal auf den eigenen Bedarf abzustimmen.

Saat-, Pflanz- und Erntezeit von Salat

AUF EINEN BLICK

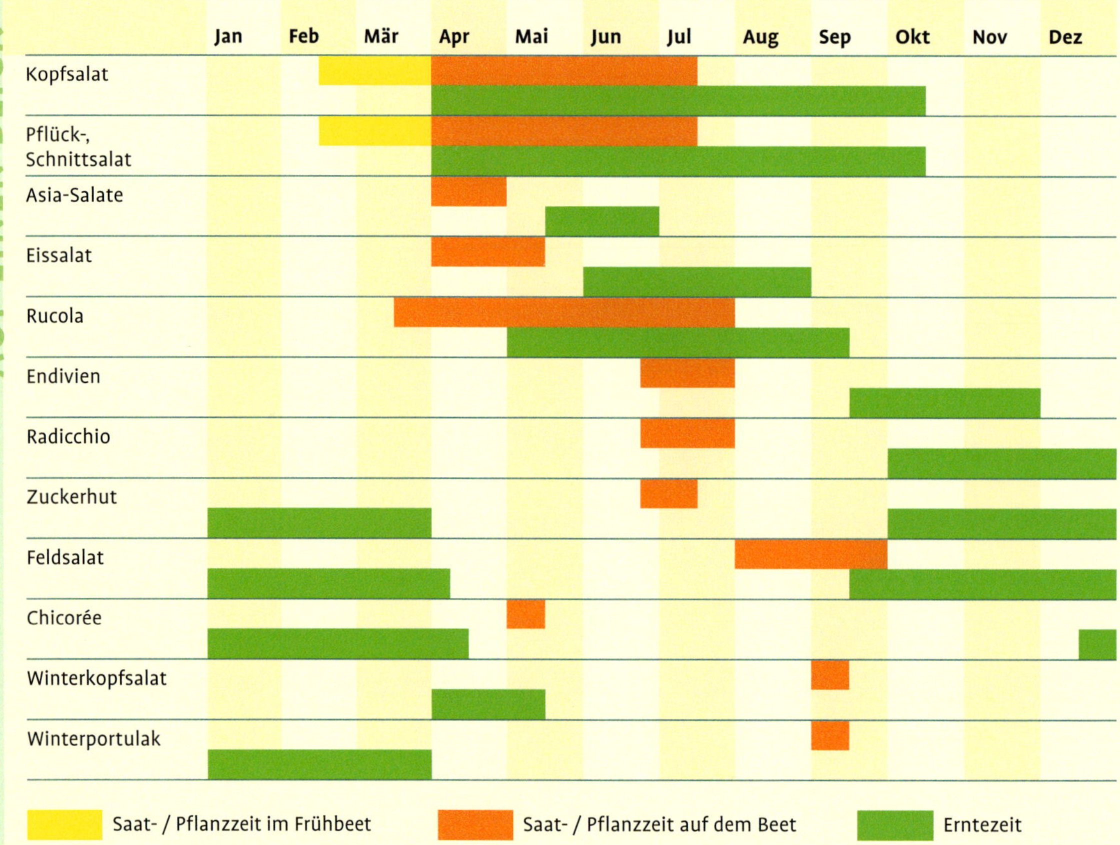

Kopfsalat (*Lactuca sativa* var. *capitata*)
Bei Kopfsalat unterscheidet man zwischen grün- und rotblättrigen Sorten sowie zwischen Frühlings- und Sommersalat-Sorten. Darüber hinaus sollte man bei der Sortenwahl auf widerstandsfähige Sorten gegen Blattläuse und Falschen Mehltau achten (siehe Seite 133). Generell schmecken die rotblättrigen Sorten kräftiger, sind resistenter gegen Läuse und werden auch von den Schnecken weniger gerne gefressen (Foto: Sorte 'Rotkäppchen').

Eissalat (*Lactuca sativa* var. *capitata*)
Die Eissalate habe eine um zwei bis drei Wochen längere Entwicklungszeit als Kopfsalate. Sie werden in der Regel etwas größer als diese, sind aber auch anspruchsvoller in der Dünge- und Wasserversorgung. Ihr Vorteil ist, dass sie im Sommer schossfest und wenig hitzeempfindlich sind. Auch hier gibt es rote und grüne Sorten.

Schnitt- und Pflücksalate
(*Lactuca sativa* var. *crispa*)
Die Schnitt- und Pflücksalate sind ideal für kleine Garten und Ein- oder Zwei-Personen-Haushalte, da immer nur soviel Blätter wie benötigt geerntet werden müssen. Sie haben eine kürzere Entwicklungszeit als Kopfsalate und gelangen in der Regel nicht so schnell zur Blüte wie diese. Auch von den Schnitt- und Pflücksalaten gibt es rote und grüne Sorten mit interessanten Blattformen, beispielsweise die Eichblattsalate mit ihren an Eichenblätter erinnernden Blattformen (Foto: Pflücksalat der Sorte 'Brunia'). Schnitt- und Pflücksalate kann man ab März aussäen. Je nach Bedarf sollte man im Mai eine Folgeaussaat vornehmen. Bei zu dichtem Stand müssen Sie die Pflanzen entsprechend der Sorte auf 10 bis 20 cm Abstand vereinzeln. Zur Ernte werden beim Schnittsalat die Blätter etwa 2 cm über dem Boden abgeschnitten. Anschließend treiben die Pflanzen wieder aus. Beim Pflücksalat erntet man jeweils nur die größten Blätter, die Herzblätter bleiben stehen.

Salat zu jeder Jahreszeit (Fortsetzung)

SPEZIAL

Endiviensalat (*Cichorium endivia*)
Endiviensalat ist ein hervorragender Wintersalat. Er verträgt leichte Fröste und kann in Gegenden mit milden Wintern noch lange aus dem Garten geerntet werden. Man darf ihn nicht vor Mitte Juni aussäen, ab Mitte August bis Anfang September kann man ihn auf seinen endgültigen Standort verpflanzen. Endiviensalat benötigt einen humosen, aber nicht frisch gedüngten Boden. Es gibt Sorten mit verschieden stark gekräuselten Blättern.

Radicchio (*Cichorium intybus* var. *foliosum*)
Radicchio wird Ende Juni/Anfang Juli ausgesät. Er entwickelt sich sehr langsam. Er ist im Spätherbst erntereif und ist frosttolerant bis etwa –5 °C. Diese spät geernteten Salatköpfe sind, wenn sie mit allen Außenblättern geerntet wurden, im kühlen Winterlager bis zu acht Wochen haltbar. Radicchiopflanzen, die im Herbst noch keine ausreichend großen Köpfe gebildet haben, werden ins Frühbeet gepflanzt; sie wachsen an diesem geschützten Platz weiter.

Zuckerhut, Fleischkraut
(*Cichorium intybus* var. *foliosum*)
Dieser Zichorien-Salat bildet spitze, fleischige Köpfe mit einem zarten Herz. Der als Salat oder auch als Gemüse zubereitete Zuckerhut schmeckt aromatisch. Zuckerhut wird erst Ende Juni ausgesät. Bei optimalen Wachstumsbedingungen entwickelt sich der Zuckerhut in kurzer Zeit zu einer enorm großen Pflanze. Er verträgt Frostgrade bis zu –8 °C und kann in milden Wintern im Garten überwintern.

Chicorée (*Cichorium intybus* var. *foliosum*)
Chicorée ist ein traditioneller Wintersalat, der in einem warmen Raum im Winter als Spross aus den im Sommer gezogenen Wurzeln wächst. Chicorée sät man im Mai aus, er bildet im Laufe des Sommers kräftige Wurzeln. Diese gräbt man im Herbst aus und lagert sie in Sand ein. Im Laufe des Winters holt man sie zum Treiben ins Warme.

Rucola/Rauke (*Eruca vesicaria var. sativa*)
Die Wilde Rauke führte lange Zeit als unbeachtetes Wildkraut der Voralpen ein Schattendasein. Ihre Vielseitigkeit als Salat, auf Pizza, zu Pasta, Käse und Suppen und der aromatische, nussig-pikante Geschmack machen die Pflanze attraktiv. Rucola sät man im zeitigen Frühjahr. Die Pflanzen bilden anfänglich Rosetten und beginnen Anfang Juni Blütenstängel auszubilden. Um im Herbst nochmals frische Salatblätter zu erhalten, sollte man im Juli noch einmal säen.

Feldsalat (*Valerianella locusta*)
Feldsalat ist der klassische Wintersalat. Man kann ihn von August bis Mitte September aussäen. Das Saatbeet muss man gleichmäßig feucht halten, damit der Feldsalat gleichmäßig keimt. Feldsalat ist den ganzen Winter über erntefähig, sofern das Wetter es zulässt. Mitte April beginnen die meisten Sorten Blüten zu bilden und beenden somit die Ernte.

Winterportulak, Winterpostelein
(*Montia perfoliata*)
Winterportulak kultiviert man ähnlich wie Feldsalat. Die Aussaat erfolgt Anfang September. Die Pflanzen sind recht winterhart und können, wenn die Witterung es zulässt, laufend geerntet werden. Die fleischigen Blätter haben einen würzigen Geschmack und werden als Salat oder Gemüse zubereitet.

Asia-Salate, Japanische Blattsalate
Hierbei handelt es sich um einjährige, schnellwüchsige Kreuzblütler, von denen die jungen Blätter als Salat gegessen werden. Wenn man die Herzblätter nicht beschädigt, kann man mehrmals ernten. Ausgesät wird ab Anfang April, die Pflanzen kann man bereits nach wenigen Wochen ernten. Diese Blattsalate benötigen einen nährstoffreichen Boden.

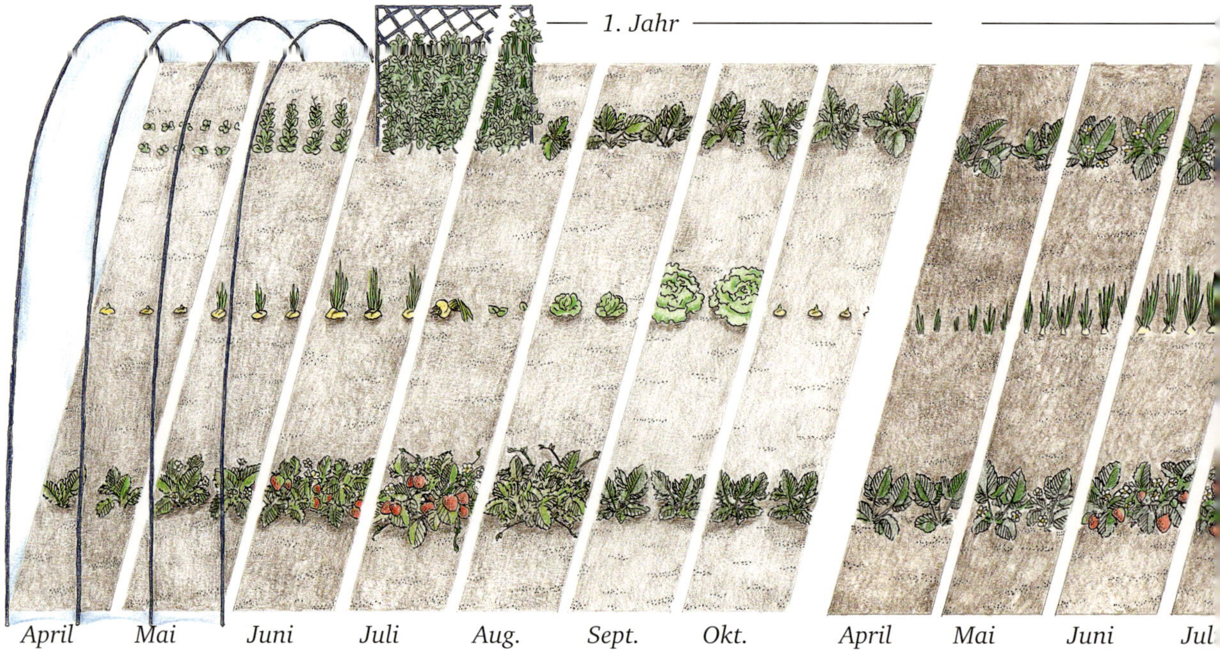

Unverzichtbar für den Garten: das Erdbeerbeet

Erdbeeren aus dem eigenen Garten gehören wohl zu den Höhepunkten im Gartenjahr, und es lohnt sich, Pflanzen anzubauen und auf die eigenen Früchte zu warten. Die Angebote aus fernen Ländern, die schon ab März in den Regalen der Lebensmittelgeschäfte zu finden sind, kann man getrost stehen lassen. Ihnen mangelt es meist an Süße und Aroma. Neben Erdbeeren werden auf diesem Beet Frühjahrszwiebeln, Schalotten, Endiviensalat, Winterrettich und Erbsen gezogen.

Erdbeeren sind im Prinzip mehrjährig, nur lassen die Erträge und die Fruchtgröße mit dem Alter der Erdbeerpflanze auch bei guter Pflege merklich nach. Für den Hausgarten ist es sinnvoll, die Erdbeerpflanzen über drei Jahre hinweg zu ernten und dann durch neue Pflanzen zu ersetzen. Obwohl Erdbeeren zu den Obstarten zählen, werden sie wird hier gemeinsam mit den Gemüsepflanzen beschrieben: Sie ergänzen sich als Partner bei der Mischkultur hervorragend mit Lauch- oder Zwiebelpflanzen und werden deshalb in die Fruchtfolge integriert. Entsprechend der hier beschriebenen Fruchtfolge sollten Sie zwei Beete für die Erdbeeren reservieren.

Einkaufsliste für ein 4 m langes Erdbeerbeet

1 Samentüte Erbsen
10 Schalotten
250 g Frühlingszwiebeln
39 Erdbeerpflanzen (gekauft oder selbst gezogen)
13 Endivienpflanzen (gekauft oder vorgezogen)
1 Samentüte Winterrettich oder alternativ:
1 Samentüte Chinakohl oder
1 Samentüte Fenchel oder
1 Samentüte Zuckerhut

Das Beet nach dem Winter vorbereiten

Wenn Sie bereits Erdbeeren in Ihrem Garten haben, werden die Pflanzen vor dem Neuaustrieb im Frühjahr

von den welken und braunen Blättern sorgfältig befreit. Wenn der Boden abgetrocknet ist, lockern Sie ihn zwischen den Erdbeeren und Zwiebeln mit dem kleinen Kultivator und entfernen dabei gleich die Unkräuter. So erwärmt sich der Boden im Frühjahr schneller und gleichzeitig verringert sich die Verdunstungsrate des gespeicherten Bodenwassers: Die Bodenbearbeitung unterbricht die „Miniatur-Bodenröhrchen" (so genannte Kapillarsysteme), die das Bodenwasser nach oben transportieren.

Erbsen säen

Neben der im Sommer des Vorjahres gepflanzten Erdbeerreihe pflanzen Sie im Abstand von etwa 80 cm eine Doppelreihe Erbsen, alternativ dazu sind auch Bohnen möglich. Dazu lockern Sie den Boden mit dem Kultivator und ziehen zwei 5 cm tiefe Reihen im Abstand von etwa 10 cm mit einer Hacke. In beide Reihen legen Sie die Erbsen im Abstand von 3 bis 4 cm. Anschließend schließen Sie die Reihen, indem Sie mit der Harke Erde heranholen. Die Erbsen benötigen keine weiteren Kompostgaben.

Der Abstand von 80 cm zwischen der Erdbeer- und Erbsenreihe wählt man, damit nach der Erbsenernte an diese Stelle die neuen Erdbeerpflanzen gesetzt werden können. Die Erbsen sind eine ideale Vorfrucht für die Erdbeeren, da sie als Leguminosen den Boden mit Stickstoff anreichern und das Beet geräumt haben, wenn im August die Erdbeeren gepflanzt werden.

Welche Erbse soll ich nehmen?

Bei Erbsen unterscheidet man zwischen Mark-, Schal- und Zuckererbsen:

• Schal- oder Palerbsen vertragen die kühlen Temperaturen im April.

• Die Markerbsen hingegen benötigen einen deutlich wärmeren Boden mit mindestens 8 °C, um keimen und wachsen zu können; sie sät man erst ab Ende April aus. Von beiden Erbsen-Arten gibt es wieder unterschiedliche Sorten, die sich insbesondere durch ihre Wuchshöhe und Vegetationszeit unterscheiden.

• Zuckererbsen entwickeln in der Innenseite der Hülsen erst sehr spät eine Pergamentschicht, so dass man bei jungen Erbsen die ganze Hülse verwenden kann.

Für die hier vorgestellte Fruchtfolge sollten Sie kleinwüchsige, frühreife Mark- oder Schalerbsen verwenden. Frühe Erbsen-Sorten entgehen in der Regel auch der Flugzeit des Erbsenwick-

Erbsen säen

TIPP

Lochfolie mit „doppelter Wirkung“

Schützen Sie Ihre Erbsen durch ein Netz, eine Folie oder auch durch aufgelegte Zweige vor Vogelfraß. So „schlagen Sie zwei Fliegen mit einer Klappe“: Spannen Sie über die Erbsen und eine Reihe Erdbeeren eine Lochfolie, die Sie tagsüber während der Erdbeerblüte zwecks Bestäubung entfernen. Ergebnis: bis zu zwei Wochen eher reife Erdbeeren und vor Vogelfraß geschützte Erbsen!

lers, der im Juni mit seiner Eiablage beginnt, außerdem dem Erbsen-Mehltau, der nicht resistente Erbsenpflanzen in trockenen Sommern ab Juli befällt (siehe auch Seite 138 f.).

Schalotten stecken

Den Zwischenraum zwischen den Erbsen und den Erdbeeren auf dem ersten Beet nutzen Sie für Schalotten. Diese feinen und gut lagerfähigen Zwiebeln werden mit 20 cm Abstand in der Reihe gesteckt. Achtung: Im Gegensatz zu Steckzwiebeln stecken Sie Schalotten so tief, dass nur noch die Spitze aus dem Boden herausschaut!

Erdbeeren mulchen

Mitte Mai während der Blüte sollten Sie Stroh oder ähnliches Mulchmaterial unter die Erdbeeren legen, bevor sich die Früchte entwickeln und auf den Boden sinken. Durch diese Mulchschicht liegen die Erdbeeren später trocken, sauber und somit geschützt vor Grauschimmel, und die Beete sind jederzeit betretbar. Beim Auslegen des Mulchmaterials sollten Sie die Erdbeeren gleich auf einen möglichen Befall durch den Erdbeerblütenstecher kontrollieren und infizierte, meist abgefallene Knospen, aufsammeln (siehe auch Seite 137).

Frühlingszwiebeln ernten

Ab Anfang Mai können Sie die bereits im Vorjahr gesteckten Frühlingszwiebeln des zweiten Beetes nach Bedarf ernten. Anfänglich können Sie die grünen Zwiebelschäfte wie Lauchzwiebeln verwenden, bis sich dann im Laufe des Frühsommers die weißen Zwiebeln immer stärker ausprägen und sich das Zwiebellaub allmählich zurückbildet.

Erdbeeren mit Strohmulch

Leckere Ernte: reife Erdbeerfrüchte

Erdbeerpflanzen durch Ausläufer gewinnen.

Zwiebeln, bei denen sich ein ausgeprägter Schaft aus der Zwiebelmitte nach oben schiebt, sollten Sie zuerst verwenden, da diese Zwiebeln eine Blüte und keine Zwiebel ausbilden.

Erdbeeren ernten

Der Erntezeitpunkt der Erdbeeren schwankt je nach Witterung von Jahr zu Jahr. Die unter Folie gehaltenen letztjährigen Erdbeerpflanzen des ersten Beetes tragen bereits Ende Mai die ersten Früchte. Die Haupternte beginnt meist Mitte Juni. Anschließend müssen Sie alle zwei bis drei Tage durchpflücken, da die Erdbeeren dann zügig nachreifen. Nach etwa drei Wochen ist der „Erntesegen“ vorbei. In feuchten und niederschlagsreichen Sommern werden die Erdbeeren von Grauschimmel befallen. Besonders gefährdet sind Gärten, in denen die Erdbeeren an einem schattigen und feuchten Platz stehen, auf dem die Pflanzen nach Niederschlägen nur langsam abtrocknen. Hier sollten Sie neben der bereits erwähnten Mulchschicht aus Stroh weitere vorbeugende Maßnamen ergreifen (siehe Seite 136 ff.).

Erbsen ernten

Ab Mitte bis Ende Juni sind die Erbsen erntereif. Pflücken Sie die Erbsen, sobald die Körner voll ausgebildet, aber noch frisch und saftig sind. Meist können Sie die Erbsen zwei- bis dreimal durchpflücken. Nach der Ernte schneiden Sie das Erbsenstroh ab und bringen es auf den Kompost. Die Wurzeln mit ihren stickstoffhaltigen Knöllchenbakterien sollten im Boden bleiben, damit der Pflanzennährstoff den nachfolgenden Erdbeeren zugute kommt.

Erdbeeren nach der Ernte pflegen

Gleich nach der Erdbeerernte, etwa Mitte Juli, müssen Sie auf dem zweiten Beet die dreijährigen Erdbeeren – also ein Drittel des Bestandes – roden. Die frei werdende Beetfläche bietet sich hervorragend für die Aussaat von Winterrettich oder Wintersalat an, beispielsweise Chinakohl oder Zuckerhut.

Außer den Erdbeerpflanzen, von denen Ausläufer gewonnen werden sollen, werden die zweijährigen und die im Vorjahr gepflanzten Erdbeeren „gesäubert“. Das bedeutet, dass Sie alle alten Blätter der Erdbeerpflanzen und die Ausläufer mit einer Schere etwa 5 cm über dem Boden abschneiden, so dass nur das „Herz“ der Pflanze stehen bleibt.

Die alten Erdbeerblätter können Sie problemlos auf den Kompost bringen, auch wenn sie mit kleinen, braun-violetten Flecken überzogen sind. Hierbei handelt es sich um die Weiß- und Rotfleckenkrankheit, die durch Pilze verursacht wird (siehe auch Seite 137). Er überwintert auf dem Laubwerk, und durch das Entfernen aller alten befallenen Blätter kann man diesen Zyklus unterbrechen oder zumindest den Befall reduzieren.

TIPP

Eigene Erdbeerpflanzen gewinnen

Da Sie ein Drittel des Erdbeerbestandes jedes Jahr neu pflanzen müssen, lohnt sich die Nachzucht eigener Erdbeerpflanzen: Die Exemplare mit einem guten Fruchtansatz und mit einer gesunden Pflanzenausbildung werden im Mai/Juni markiert. Von diesen Pflanzen werden die Ausläufer für die weitere Zucht genommen, die Ausläufer der schwächeren Pflanzen abgetrennt und kompostiert. Die Wurzeln der ausgewählten Ausläufer entwickeln sich am besten, solange sie noch mit der Mutterpflanze in Verbindung stehen. Dafür lockern Sie den Boden um diese Erdbeerpflanzen mit einem Grubber und mulchen mit Kompost. In die Komposterde setzen Sie die Ausläufer. Die Verbindung zur Mutterpflanze bleibt erhalten, bis sie sich zu kräftigen Pflanzen entwickelt haben.

Zwischen den Erdbeerreihen lockern Sie den Boden mit dem Grubber. Bei diesem „Saubermachen“ sammeln Sie gleich die Frühlingszwiebeln mit auf, die Sie bei der Ernte im Sommer übersehen haben. Anschließend bedecken Sie die Erdbeeren fast vollständig mit reifem und gesiebtem Kompost.

Winterrettich aussäen und pflegen

Die Beetfläche im zweiten Erdbeerbeet, auf der die dreijährigen Erdbeeren standen, können Sie hervorragend für alle Gemüse-Sorten nutzen, die noch ab Mitte Juli ausgesät werden können. Für die Aussaat lockern Sie den Beetstreifen mit der Grabegabel, zerkleinern Brocken mit dem Grubber, und als letzter Arbeitsschritt richten Sie mit der Harke ein Saatbeet her.

In den nun feinkrümeligen Boden ziehen Sie bis zu drei Reihen mit 10 cm Abstand untereinander mit dem Reihenzieher. Den Winterrettich-Samen legen Sie in der Reihe mit einem Abstand von etwa 3 cm je Korn. Dann schließen Sie die Reihen mit dem Harkenrücken. Sobald die Pflanzen die ersten Laubblätter gebildet haben, muss man sie auf einen Abstand von 15 cm vereinzeln.

Gemüsepflanzen des Erdbeerbeetes

1 Erbsen
Pisum sativum

Frische Erbsen gleich im Garten zu naschen, ist nicht nur für Kinder ein Genuss.
Sorten: Man unterscheidet zwischen Schal- oder Palerbsen (recht kältetolerant, frisch und auch getrocknet verwendbar), Markerbsen (nur Frischverzehr) und Zuckererbsen (ganze Schote). Von allen Sorten gibt es unterschiedlich hohe und frühe Sorten.
Kultur: Keine besonderen Ansprüche an den Nährstoffgehalt. Hohe Erbsen-Sorten stützen. Palerbsen schon Anfang April, Mark- und Zuckererbsen erst Ende April aussäen. Ernte ab Ende Mai möglich.
Gesundheit: Späte Erbsen werden gern vom Erbsenwickler (siehe Seite 138) aufgesucht.
Vermehrung: Von ertragreichen Erbsenpflanzen einige Schoten an den Pflanzen als Saatgut ausreifen lassen.

Chinakohl, Fenchel oder Zuckerhut aussäen

Statt Winterrettich können Sie ganz nach persönlicher Vorliebe auch Chinakohl (siehe Kasten Seite 92), Fenchel oder Zuckerhut aussäen. Da sich diese Pflanzen auf Grund der Pfahlwurzel nicht gut verpflanzen lassen, sollten Sie bei der Aussaat folgendermaßen vorgehen: In der Reihe werden alle 20 cm drei bis vier Körner etwa 1 cm tief in den Boden gelegt. Der Abstand zwischen den Reihen beträgt bei Fenchel, Chinakohl und Zuckerhut 20 cm. Nach dem Auflaufen der Saat bleibt nur die kräftigste Pflanze stehen. Nach dem Vereinzeln vertragen diese Pflanzen eine Gabe Brennnessel-Jauche und zwischen den Reihen gesiebten Kompost (siehe S. 103).

Erdbeeren neu pflanzen

Erdbeeren sollten Sie gleich Anfang August nachpflanzen, da die Pflanzen dann noch gut anwachsen und im kommenden Jahr schon mit guten Erträgen zu rechnen ist. Anfang oder spätestens Mitte August – möglichst an einem bedeckten Tag – pflanzen Sie die neuen Erdbeerpflanzen auf ihren endgültigen Platz ins erste Erdbeerbeet, auf dem vorher die Erbsen gestanden haben. Die Erbsen haben bis Anfang August diese Fläche geräumt und den Boden mit einer „eigenproduzierten“ Stickstoffgabe hinterlassen. Lockern Sie den Boden mit der Grabegabel und tragen Sie noch eine großzügige Menge an Kompost (etwa 10l/m^2) auf. Der Kompost wird mit dem Kultivator oberflächlich in den Boden eingearbeitet. Setzen Sie die Erdbeerpflanzen mit 30 cm Abstand in der Reihe und mit 80 cm Abstand zur nächsten Erdbeerreihe. Anschließend gießen Sie die neuen Pflanzen zur Stärkung mit verdünnter Brennnessel-Jauche gut an.

Portraits zu Schalotten und Frühlingszwiebeln: siehe S. 90 f.; Portrait zu Endiviensalat: siehe S. 80 ff.

2 Gemüsefenchel
Foeniculum vulgare

Mit seinem zarten, gefiederten Laub im Gemüsegarten besitzt er ein interessantes Aussehen. Der anisartige Geschmack von Gemüsefenchel ist eine Rarität unter den Gemüsepflanzen. Als Salat oder Gemüse zubereiten.
Sorten: Im Angebot ist entweder Gemüsefenchel mit Knolle und mehrjähriger Gewürzfenchel, bei dem die Blätter und Samen geerntet werden.
Kultur: Aussaat für die Herbsternte erfolgt Ende Juli/Anfang August. Später auf 20 cm vereinzeln. Fenchel benötigt einen humosen Boden und regelmäßige Wassergaben. Ab September ernten, wobei ausgereifte Knollen leichten Frost vertragen.
Gesundheit: In der Regel problemlos.
Vermehrung: Blütenbildung erfolgt meist im zweiten Jahr.

3 Mangold
Beta vulgaris subsp. *vulgaris*

Dankbares Gemüse im Hausgarten, bei dem man die Blätter laufend von außen nach innen erntet. Sowohl Blätter als auch Stiele ergeben geschmacklich dem Spinat ähnelnde Gemüsegerichte.
Sorten: Unterschieden wird zwischen Blatt- und Rippen- oder Stielmangold. Von beiden gibt es grün- und rotblättrige Sorten, die sehr dekorativ im Gemüsebeet wirken.
Kultur: Im April aussäen und anschließend vereinzeln. Erntebeginn ab Ende Mai, bis ab Oktober die ersten stärkeren Fröste die Blätter gefrieren lassen. Pflanzen überwintern auf den Beeten; den ersten Austrieb im Frühjahr noch einmal ernten.
Gesundheit: Problemlose Kultur.
Vermehrung: Im zweiten Jahr bilden sich Blüten und Samen.

4 Winterrettich
Raphanus sativus

Recht anspruchslose Pflanze, die tolerant gegenüber leichten Nachtfrösten ist. Rettiche sind gut lagerfähig für den Wintervorrat. Im Winter als Salat oder auch frisch als Brotbelag sehr schmackhaft.
Sorten: Unterschieden wird zwischen weißem und schwarzem Winterrettich mit runden oder keilförmigen Wurzeln.
Kultur: Als Nachfrucht auf mäßig gedüngtem Boden kultivierbar. Im Juli bis Anfang August aussäen. Zu dicht stehende Pflanzen vereinzeln. Gleichmäßig feucht halten, damit die Wurzeln nicht pelzig oder holzig werden.
Gesundheit: Robustes Gemüse, das selten unter Schädlingsbefall zu leiden hat.
Vermehrung: Im zweiten Jahr erfolgt die Blüten- und Samenbildung.

Gesund und schmackhaft: Zwiebelgewächse

SPEZIAL

Steckzwiebeln (*Allium-Cepa*-Gruppe)
Steckzwiebeln sind etwa haselnussgroße Zwiebeln, die als gelbe und rote Sorten angeboten werden. Man steckt sie im April und erntet Mitte August, wenn das Zwiebellaub sich komplett zurückgebildet hat. Diese Zwiebeln sind bis ins Frühjahr hinein gut lagerfähig. Das erste Zwiebelgrün kann man aber auch schon Mitte Mai ernten und wie Lauchzwiebeln verwenden. Die Zwiebeln benötigen einen nährstoffreichen, aber nicht frisch gedüngten Boden.

Knoblauch (*Allium sativum*)
Im Oktober oder auch Ende März/Anfang April steckt man die einzelnen Zehen im Abstand von etwa 15 cm in der Reihe. Wenn sich das Laub im August zurückgebildet hat, werden die Knollen geerntet und zum Nachtrocknen an einem geschützten Platz aufgehängt. In den Blütenständen der Knoblauchpflanzen entwickeln sich Brutzwiebeln, die Sie zur Weitervermehrung nutzen können. Knoblauch benötigt einen humosen, aber nicht frisch gedüngten Boden.

Gemüse-Zwiebeln (*Allium-Cepa*-Gruppe)
Die Gemüsezwiebeln sind die anspruchsvollsten Vertreter der Zwiebelgewächse. Sie benötigen eine lange Entwicklungszeit, einen humosen, nährstoffreichen Boden und viel Wärme. Man sollte sie Anfang Februar vorziehen, Anfang April ins Frühbeet setzen und Mitte Mai ins Freiland pflanzen. Mitte September bildet sich das Zwiebellaub zurück, und die Zwiebeln sind erntereif. Gemüsezwiebeln sind nur bedingt lagerfähig.

Winterhecken-Zwiebeln (*Allium fistulosum*)
Winterhecken-Zwiebeln sind mehrjährig und bilden im Frühjahr mi ihren dicken Röhren das erste Zwiebelgrün. Die erstmalige Aussaat erfolgt im Frühjahr, später kann man die Polster teilen. Nach der Blüte, aber vor dem Aussamen, sollte man die Pflanzen zurückschneiden, damit sie anschließend noch einmal frisches Grün für den Herbstbedarf entwickeln.

Etagen-Zwiebeln / Luft-Zwiebeln
(*Allium-Cepa-Proliferum*-Gruppe)
Die Luftzwiebeln sind mehrjährig. Sie bilden auf einem bis zu einem Meter lang werdenden Stängel sechs bis acht kleine Brutzwiebeln aus. Diese Zwiebelchen können Sie in der Küche frisch verbrauchen oder als Silberzwiebeln einlegen. Sie können sie aber auch zur Weitervermehrung in den Boden stecken.

Schalotten (*Allium-Cepa-Aggregatum*-Gruppe)
Schalotten werden wie Steckzwiebeln Anfang April gesteckt. Nur muss man bei Schalotten der Abstand in der Reihe mit 20 cm größer wählen, und sie werden so tief gesteckt, dass nur noch die Spitze herausschaut. Schalotten benötigen einen humosen, nicht frisch gedüngten Boden. Das Laub bildet sich im August zurück. Schalotten müssen an einem luftigen, aber schattigen Platz nachtrocknen und sind anschließend sehr gut lagerfähig.

Lauch-Zwiebeln (*Allium-Cepa-Aggregatum*-Grp.)
Die Lauch-Zwiebeln entwickeln namensgemäß keine Knollen, sondern wie Lauch einen kurzen, weißen, mild schmeckenden Schaft. Man sät sie von Juli bis Mitte August. Sie benötigen einen feinen, humosen Boden und gleichmäßige Bodenfeuchte. Da die Jugendentwicklung sehr langsam abläuft, ist eine Markiersaat mit Radieschen sinnvoll. Die Lauch-Zwiebeln überwintern auf den Beeten und werden dann ab Anfang Mai geerntet.

Bär-Lauch (*Allium ursinum*)
Bär-Lauch wächst in Buchenwäldern auf kalkhaltigen Standorten. Im Garten kann man ihn erfolgreich kultivieren, sofern ein lehmig-humoser, kalkhaltiger Boden vorhanden ist. Die Blätter haben einen knoblauchähnlichen Geschmack. Da Bär-Lauch ein Frostkeimer ist, muss man ihn im Herbst aussäen. Im Mai bildet der Bär-Lauch dekorative weiße Blütenstände.

TIPP

Gesund und schmackhaft

Neben den bekannten Zwiebelgewächsen wie Lauch, Küchenzwiebeln oder Knoblauchzehen gibt es noch viele interessante Zwiebelgewächse, die Sie rund um das Jahr mit frischem Zwiebelgrün versorgen. Zwiebeln sind, je nach Sorte, ein zwei- oder dreijähriges Liliengewächs, so dass manche Zwiebeln erst in ihrem dritten Entwicklungsjahr eine Blüte bilden. Diese Eigenschaft macht man sich bei den ertragreichen und einfach zu kultivierenden Steckzwiebeln zunutze.

Junge Erdbeerpflanzen pflegen

Ihre Neupflanzung muss ein bisschen „hochgepäppelt" werden, wenn man im kommenden Jahr schon eine reiche Ernte einfahren will. Daher sollten Sie Ihre Schützlinge wöchentlich mit Brennnessel-Jauche gießen. Im Laufe des Herbstes müssen Sie an den zwei- und letztjährigen Erdbeerpflanzen die nachwachsenden Erdbeerranken nochmals entfernen. Entwickeln sich Ihre Erdbeerpflanzen trotz dieser Pflegemaßnahmen schlecht, sollten Sie die Pflanzen auf einen möglichen Befall mit dem Wurzelfäule-Pilz (siehe Seite 137) kontrollieren.

Endiviensalat pflanzen

Der Platz zwischen den beiden Erdbeerreihen des ersten Erdbeerbeetes wird für Endiviensalat genutzt. Die im Vorzuchtbeet (siehe Seite 100) vorgezogenen Pflanzen sind Anfang bis Mitte August so groß, dass sie verpflanzt werden müssen. Dabei setzen Sie die Endivienpflanzen mit 30 cm Abstand in der Reihe in den gelockerten Boden zwischen die letztjährigen und die neu gepflanzten Erdbeeren. Anschließend gießen Sie die Setzlinge mit verdünnter Brennnessel-Jauche an. Den Boden zwischen den Erdbeer- und Endivienpflanzen müssen Sie im September hacken, um aufkommende Unkräuter aus dem Kompost in Schach zu halten.

Frühlingszwiebeln stecken

Wenn die Endivienpflanzen Anfang Oktober bis Mitte Oktober geerntet sind, ist es an der Zeit, im ersten Erdbeerbeet die weißen oder roten Frühlingszwiebeln zu stecken. Auf keinen Fall sollten Sie die Zwiebeln eher stecken, da sie sonst zu groß in den Winter gehen – es besteht dann die Gefahr, dass sie im Frühjahr die unerwünschten Blüten bilden. Für die Steckzwiebeln lockern Sie den Boden zwischen den Erdbeerreihen mit dem Kultivator. Die Zwiebeln werden mit 15 cm Abstand in der Reihe so gesteckt, dass die Spitzen dieser langen Zwiebeln gerade noch zu sehen sind.

Chinakohl

Brassica pekiniensis

Ein sehr schnell wachsendes Herbst- und Wintergemüse, aus dem man Salate oder Gemüsegerichte zubereiten kann.
Sorten: Chinakohl wird meist als Hybridsaatgut angeboten.
Kultur: Nicht vor Ende Juni aussäen, da es ansonsten zur Blütenbildung kommt. Chinakohl benötigt einen nährstoffreichen und humosen Boden und gleichmäßige Feuchtigkeit. Geerntet wird ab Mitte September. Dieser Kohl verträgt leichte Fröste, deshalb kann sich die Ernte bis in den November hineinziehen. Chinakohl lässt sich auch als ganzer Kohl gut lagern.
Gesundheit: Junge Chinakohlpflanzen werden gern von Schnecken gefressen.
Vermehrung: Blüten und Samen entwickeln sich im zweiten Jahr.

Stars der mediterranen Küche: das Tomatenbeet

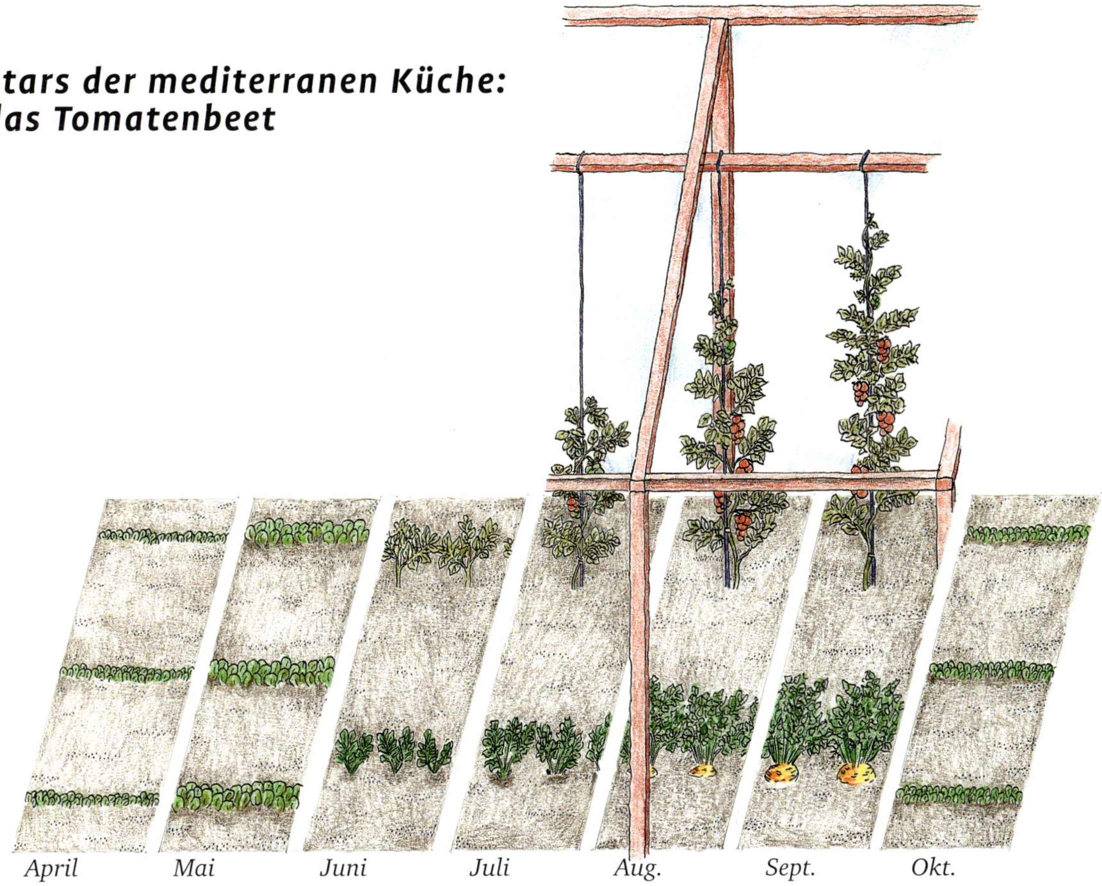

Das Tomatenbeet ist nicht in die Fruchtfolge auf dem Gemüsebeet integriert. Die Tomaten kommen auf ein Extrabeet, auf dem Sie sie im Gegensatz zu den anderen Gartenkulturen meist über Jahre hinweg immer wieder anbauen können. Beachten Sie bei der Auswahl des Beet-Standortes, dass die Tomate eine Wärme liebende Frucht ist und in unseren Breiten besonders geschützt werden muss. Daher wählt man am besten einen sonnigen und geschützten Platz im Garten, zum Beispiel vor einer nach Süden ausgerichteten Hauswand. Für eine Tomatenreihe reicht ein 50 cm breiter Beetstreifen aus, die Länge wird von den vorhandenen Möglichkeiten und dem Bedarf bestimmt. Darüber hinaus müssen die Tomaten trocken stehen, damit sie nicht so leicht von der gefürchteten Kraut- und Braunfäule befallen werden (siehe Seite 139). Die Tomatenpflanzen müssen also ein „Dach über den Kopf“ bekommen. Ob es sich hierbei um eine einfache Folienkonstruktion oder um ein festes Dach handelt, ist jedem selbst überlassen. Beim Gießen müssen Sie darauf achten, nur den Boden zu befeuchten und auf keinen Fall die ganzen Pflanzen zu „duschen“.

Auf diesem Anbaubeispiel werden Tomaten, Sellerie und Spinat kultiviert.

Einkaufsliste für ein 4 m langes Tomatenbeet

1 Samentüte Spinat
7 Tomatenpflanzen (gekauft oder vorgezogen)
6 Selleriepflanzen (gekauft oder vorgezogen)

Tomaten vorziehen

Die Vorarbeiten für das Tomatenbeet beginnen mit der Vorzucht der Tomaten Ende Februar, sofern man die räumlichen Voraussetzungen dazu hat. Ansonsten können Sie die Pflanzen auch Mitte Mai in einer Gärtnerei kaufen. Vorteilhaft für die Anzucht von Tomaten ist ein heizbares Gewächshaus, aber es genügt auch ein mit Mist bepackter Frühbeetkasten. Auf der Fensterbank vorgezogene Tomaten leiden meist unter Lichtmangel und reagieren darauf mit langen, dünnen Trieben.
Säen Sie Ihre Tomaten-Samen in flache Schalen, die mit einer Plastikhaube abgedeckt werden können. Diese so genannten „Minigewächshäuser" werden im Fachhandel angeboten. Als Substrat hat sich Anzuchterde bewährt, in die Sie die Tomatensamen im Abstand von 2 cm legen und dünn mit Erde übersieben. Anschließend wird die Schale leicht mit Wasser überbraust und abgedeckt an einen warmen, hellen Ort gestellt. Wenn die Keimblätter sich waagerecht auseinander gefaltet haben, pikieren Sie die Tomaten in Blumentöpfe. Dabei setzen Sie die Pflanze so tief, dass die Keimblätter kurz über dem Boden stehen. Die Töpfe mit den pikierten Pflänzchen stellen Sie wiederum an einen warmen und hellen Ort. Dort gießen und pflegen Sie sie regelmäßig bis zum Pflanztermin.

Spinat aussäen

Auf das Tomatenbeet wurde im vergangenen Herbst Spinat ausgesät. Sollten Sie die Aussaat verpasst haben oder sollte dieser Spinat im Herbst nicht mehr aufgegangen sein, können Sie bis etwa Ende März noch Spinat aussäen. Dazu wird der Boden mit dem Kultivator gelockert und anschließend geharkt. Für den Spinat zieht man 2 cm

Gemüsepflanzen des Tomatenbeetes

1

2

3

Vorgezogene Tomatenpflanzen werden vereinzelt.

tiefe Rillen mit einem Abstand von etwa 15 cm, in die man den Spinat dünn aussät. Im Anschluss daran werden die Reihen mit dem Harkenrücken angedrückt und geschlossen. Da Sie das Beet im Herbst gut mit Kompost versorgt hatten, wachsen neben dem Spinat auch Vogel-Miere und andere Unkräuter. Damit Sie später ausschließlich Spinat ernten, müssen Sie das Beet hacken, nachdem der Spinat gekeimt ist. Wenn Mitte Mai nach den Eisheiligen die Tomaten ins Freiland gepflanzt werden, ist der Spinat erntereif und räumt das Beet. Nicht geernteten Spinat und Wurzelreste können Sie zur Bodenbedeckung als Mulchmaterial zwischen den Tomatenpflanzen liegen lassen.

Tomaten- und Selleriepflanzen setzen

Vor dem Auspflanzen der Tomaten lockern Sie den Boden mit der Grabegabel, wobei Reste der Spinatpflanzen als Mulch liegen bleiben können. Die Tomatenpflanzen werden dann mit 60 cm Abstand in der Reihe gepflanzt. Tomaten sollten Sie möglichst tief, langstielige Tomaten sogar schräg pflanzen, diese richten sich von alleine wieder auf. An den Blattachsen, die im Boden eingegraben sind, bilden sich zusätzliche Wurzeln. Mit dieser Methode vergrößern Sie den Wurzelballen und die Pflanzen wachsen anschließend schnell und kräftig. Nach dem Pflanzen müssen Sie die Tomaten gut angießen.

1 Sellerie
Apium graveolens

Die Sellerieknolle wird als Gemüse oder als Suppengewürz verwendet. Stangensellerie bereichert roh jeden Salat. Schnittsellerie ist ein hervorragendes Gewürz für Suppen und Gemüse und einfacher zu kultivieren als Knollen- und Stangensellerie.
Sorten: Angeboten werden Knollen-, Stangen- und Schnittsellerie.
Kultur: Sellerie ist sehr kälteempfindlich, nicht vor Mitte/Ende Mai ins Freiland pflanzen. Da Sellerie sich sehr langsam entwickelt, besser vorziehen. Selleriepflanzen benötigen einen nährstoffreichen Boden und gleichmäßige Bodenfeuchte.
Gesundheit: Sellerie ist in größeren und dichten Beständen schädlings- und krankheitsanfällig.
Vermehrung: Sellerieknollen entwickeln im zweiten Jahr Blüten und Samen.

2 Spinat
Spinacia oleracea

Ein richtiger „Lückenfüller" im Garten! Außer zu klassischem Spinatgemüse kann man ihn zu interessanten Quiches und Pizzabeläge verarbeiten.
Sorten: Für den Herbst- und Frühjahrsanbau auf winterharte und resistente Sorten gegenüber Falschem Mehltau achten. Inzwischen gibt es auch Sorten, die im Sommer spät schossen und für die ganzjährige Kultur geeignet sind.
Kultur: Für die Herbsternte im August, für die Frühjahrsernte Anfang September oder Anfang März aussäen. Spinat benötigt einen humosen, aber nicht zu stickstoffhaltigen Boden.
Gesundheit: Beim Herbstanbau auf Falschen Mehltau achten.
Vermehrung: Blüten und Samen entwickeln sich im Sommer.

3 Tomaten
Lycopersicon esculentum

Kultivieren Sie im Garten Früchte, die man nicht überall kaufen kann.
Sorten: Reichhaltige Sortenvielfalt: kleinwüchsige Cocktailtomaten; Buschtomaten, aromatische Flaschentomaten oder großfrüchtige Fleischtomaten. Darüber hinaus variieren die Farben von Weiß, Gelb, Grün, Orange, Violett, Schwarz bis hin zu gestreift (siehe Seite 98 f.).
Kultur: Tomaten müssen in unserem Klima vorgezogen werden. Nicht vor Mitte Mai ins Freiland setzen. In gut gedüngten Boden pflanzen und gleichmäßig feucht halten.
Gesundheit: Auf Kraut- und Braunfäule achten. Vorbeugend über die Tomaten ein schützendes Dach spannen.
Vermehrung: Die Samen von sortenechten Tomaten kann man als Saatgut verwenden.

Mit dem Auspflanzen wird auch eine Stütze der Tomaten notwendig. Besonders einfach und empfehlenswert ist die Aufzucht um eine Schnur oder einen korkenzieherartig gewundenen Metallstab. Für die „schnurgerade“ Aufzucht befestigen Sie eine stabile Schnur mit einem einfachen Knoten unterhalb der ersten Blattachse an der Tomate. Das andere Ende knoten Sie in etwa 1,80 m Höhe so an einer Stange fest, dass Sie die Schnur im Laufe der Vegetationszeit verlängern können. Während der Wachstumszeit wird der Trieb einfach um die Schnur gewickelt.
Den gewundenen Stab stecken Sie dicht neben der Tomate in den Boden und legen den Tomatentrieb in die Windungen. Auch hier erübrigt sich das Festbinden. Verwenden Sie einen geraden Stab, müssen Sie regelmäßig die Ranken mit Bast daran festbinden. Damit der Bast die Triebe nicht abschnürt, müssen Sie ihn in Form einer „Acht“ um Stab und Trieb legen. Zwischen die Tomaten bringen Sie versetzt Selleriepflanzen in den Boden. Achten Sie darauf, die Selleriepflanzen nicht zu tief in den Boden zu setzen.

TIPP

Ein- oder zweitriebige Tomaten ?

In Gegenden mit mildem Weinbauklima können die Tomaten gut ausreifen, hier können Sie Ihre Pflanzen zweitriebig ziehen. Allerdings erhalten Sie bei diesen Tomaten kleinere Früchte, und die ersten Tomaten reifen etwas später als eintriebige Pflanzen. Bei zweitriebigen Tomaten bleibt zusätzlich zum Haupttrieb ein kräftiger Seitentrieb aus der dritten oder vierten Blattachse stehen. Die untersten Seitentriebe sind in der Regel nicht besonders kräftig – hier lohnt es sich, zwei bis drei Wochen auf einen kräftigen Seitentrieb aus den oberen Blattachsen zu warten. Den Seitentrieb müssen Sie wie schon den Haupttrieb durch eine Schnur oder Stange stützen.

Tomatenpflanzen pflegen

Kurz nach dem Pflanzen erhalten die Tomaten eine kräftige Gabe Brennnessel-Jauche (2 bis 3 l pro Pflanze), die Sie Mitte Juli noch einmal wiederholen sollten. Im Laufe des Sommers müssen die Tomaten einmal pro Woche ausgegeizt werden. Beim Ausgeizen knipsen Sie alle Seitentriebe an den Blattachseln mit den Fingern ab. Manchmal entwickeln sich auch an den Enden der Blütenstände Triebe, die Sie ebenfalls entfernen müssen.
Regelmäßiges – an heißen Sommertagen bis zu zweimal tägliches – Gießen ist das A und O für einen guten Blüten- und Fruchtansatz. Beim Gießen der Tomatenpflanzen ist es besonders wichtig, dass nicht die Pflanze, sondern nur der Boden gegossen wird. Wenn die Pflanzen ab Ende Juni eine stattliche Größe erreicht haben, sollten Sie die untersten, auf den Boden hängenden Blätter abschneiden. Sie leiden nur unter dem ständigen Befeuchten und sind potenzielle Krankheitsherde. Kontrollieren Sie die Tomatenpflanzen regelmäßig auf den Befall mit Kraut- und Braunfäule und die durch Kalziummangel verursachte Blütenendfäule (siehe Seite 139).
Ende August, in klimatisch raueren Lagen sogar schon Mitte August empfiehlt es sich, den oder die beiden Triebe der Tomatenpflanzen zu stutzen. Dazu schneiden Sie den Trieb oberhalb eines Blattes der letzten aufgeblühten Blütenrispe ab. Auch wenn Ihnen diese Maßnahme schwer fällt: Die ab Ende August reifenden Tomaten werden bis zum Frost nicht mehr reif und die Wachstumskraft geht den vorhandenen Tomaten verloren. Verzichtet man auf das Einkürzen des Triebes, hat man im Herbst viele kleine, unausgewachsene grüne Tomaten, die nicht mehr an Größe zulegen und ausreifen.

Tomaten ernten

Die reifenden Tomaten werden im Sommer nach und nach geerntet. Mit den kühler werdenden Temperaturen der ersten Herbsttage können Sie die Ernte durch eine Folienhülle noch etwas hinauszögern. Vor den ersten stärkeren Nachtfrösten müssen Sie die Tomaten trotz der Folie abernten. Die nicht ganz ausgereiften Tomaten reifen im Dunkeln nach. Wer den Platz hat, kann die ganze Tomatenpflanze ausreißen und mit den Wurzeln nach oben in einen dunklen, frostfreien Raum hängen und bis Weihnachten frische Tomaten ernten. Zugegebenermaßen ist das Aroma nicht mehr so intensiv, aber wer hat schon eigene frische Tomaten bis Weihnachen?

Einfacher ist es, die nicht ganz ausgereiften Tomaten in einer flachen, verschließbaren Pappkiste im Keller aufzubewahren. Tomaten, die mit der Kraut- und Braunfäule befallen waren, faulen im Keller weiter. Sie müssen Ihre Tomatenernte deshalb sorgfältig vor dem Einlagern untersuchen und befallene Früchte aussortieren.

Selleriepflanzen ernten

Der Sellerie wird ebenfalls vor den ersten Frösten geerntet. Die Sellerieknollen werden, ebenso wie die Möhren und Roten Bete, in Sand eingelagert (siehe Seite 61). Die Sellerieblätter sollten Sie außer einigen hinfälligen Außenblättern oder den von der Blattfleckenkrankheit befallenen Blättern trocknen. Sie sind ein hervorragendes Würzmittel für Suppen!

Das Beet winterfest machen

Nach der Ernte wird das Beet mit dem Kultivator gelockert und erhält etwa 10 l (etwa einen Eimer) durchgesiebten Kompost pro m^2. Anschließend säen Sie Spinat wie zu Beginn des Kapitels beschrieben. Der Spinat keimt noch im Herbst, ist aber erst im Frühjahr erntereif.

Tomaten ausgeizen

Tomaten ernten

Tomatenvielfalt

Noch vor einigen Jahren kannte kaum jemand etwas anderes als die rote, runde „Kaufhaus-Tomate". Heute besinnt man sich wieder auf die große Vielfalt dieser Früchte. Nutzen Sie die inzwischen bekannteren alten Sorten und kultivieren Sie im Garten Früchte, die Sie nicht überall kaufen können.
Die Sortenvielfalt ist mittlerweile fast unüberschaubar. Unterschieden wird zwischen:

- kleinwüchsigen, für den Kübelanbau geeigneten Pflanzen;
- den Buschtomaten, die ohne Stütze und ohne Ausgeizen auskommen und
- „normalen" Stabtomaten. Hier wird wiederum zwischen Cocktailtomaten, den mittelgroßen, den dick- und den riesenfrüchtigen Sorten unterschieden.
- Darüber hinaus gibt es noch sehr hoch wachsende, häufig als „Baumtomate" bezeichnete Pflanzen – nicht zu verwechseln mit der echten Baumtomate (*Cyphomandra betacea*) – und Wildtomaten.

Alle Sorten variieren in den Farben von Weiß, Gelb, Grün, Orange, Violett, Schwarz bis hin zu gestreift. Entsprechend variantenreich sind auch die Fruchtform (rund, birnenförmig, länglich) und die Fruchtgröße. Neben der Formenvielfalt hat auch der Geschmack von Tomaten einen höheren Stellenwert erhalten. Voraussetzung für einen guten Geschmack, über den sich ja bekanntlich streiten lässt, ist neben der Sorte aber auch die Kulturführung. Der Einfluss von Boden, Düngung, Klima und dem „Händchen" des Gärtners ist bei Tomaten von großer Bedeutung. Problematisch bei Tomaten ist die Kraut- und Braunfäule, von der alle Sorten mehr oder weniger stark betroffen sind. Hier wird derzeit intensiv an der Züchtung resistenter Sorten gearbeitet.
Beim Freilandanbau ist es sinnvoll, ein schützendes Dach gegen die krankheitsfördernde Feuchtigkeit über die Tomaten zu spannen.
Übrigens: die Österreicher nennen die Tomaten „Paradeiser" – ein Name, der die Einzigartigkeit und Faszination dieser Frucht treffend charakterisiert!

Tomaten für Kübel und Töpfe

Tomaten gedeihen auch gut in Töpfen auf dem Balkon oder der Terrasse, sofern Sie eine kleinfrüchtige und nicht extrem hoch wachsende Sorte wählen. Der Topf sollte mindestens einen Durchmesser von 30 cm haben, und man muss für eine kontinuierliche Wasser- und Nährstoffversorgung sorgen.

Buschtomaten

Die Buschtomaten sind kleinwüchsig und bilden recht schnell stabile und dicke Triebe. Sie werden nicht ausgegeizt und entwickeln im Laufe des Sommers eine buschige Form. Nur bei schwerem Fruchtbehang sollte man eingreifen, bevor die Früchte auf der Erde liegen. Die Buschtomaten erfordern deutlich weniger Arbeit und stellen nicht so hohe Ansprüche an die Temperatur wie die übrigen Tomaten. Das Foto zeigt Buschtomaten, die direkt in einen Sack mit Blumenerde gepflanzt wurden – gut für den Balkon!

Mittelgroße Stabtomaten

Hierzu gehören die „normalen Tomaten“, die ein- oder zweitriebig an Stäben oder Schnüren kultiviert werden. Sie werden etwa 1,50 m hoch und man muss sie regelmäßig ausgeizen. Es gibt sie in den unterschiedlichsten Farben und Formen (Foto: birnenförmige gelbe Tomate 'Yellow Pear'). Für den Freilandanbau sollten Sie auf eine hohe Widerstandsfähigkeit gegen Kraut- und Braunfäule achten (siehe Seite 140).

Dickfrüchtige Tomaten, Fleischtomaten

Die dickfrüchtigen Sorten (Foto: Sorte 'Brandywine') entwickeln Tomaten mit bis zu 10 cm Durchmesser und 500 g Gewicht. Die Früchte sind meist sehr dickfleischig und werden gern zum Kochen von Suppen oder Saucen verwendet. Sie sind in der Kulturführung anspruchsvoll und lieben einen ausgesprochen warmen und geschützten Standort.

Echte Baumtomate, Tamarillo

(*Cyphomandra betacea*)

Die echte Baumtomate ist eine mehrjährige Kübelpflanze, die erst im zweiten oder dritten Jahr Früchte trägt. Man kann die Baumtomate ab Mai in den Garten setzen und im Herbst vorsichtig wieder ausgraben. Sie überwintert im Keller und verliert alle Blätter. Den Stamm sollte man einkürzen, wenn er zu lang geworden ist.

Riesenfrüchte

Diese großfrüchtigen Giganten unter den Tomaten erfordern einen guten Boden und ausreichende Düngung. Darüber hinaus benötigen diese Tomaten für ihre lange Reifezeit einen warmen, geschützten Platz. Natürlich benötigen sie eine stabile Stütze, notfalls muss man auch die einzelnen Früchte stützen. Belassen Sie bei guter Fruchtentwicklung nicht zu viele Früchte an der Pflanze.

„Baumtomaten“

Tomaten-Sorten mit enormer Wuchshöhe (> 3 m). Sie lassen sich am Spalier an der Hauswand ziehen.

Wildtomaten

Die Wildtomaten sind etwas für die Liebhaber alter Tomaten-Sorten. Sie zeichnen sich wie die Buschtomaten durch einen buschigen Wuchs aus und werden nicht ausgegeizt. Die Triebe sollten aber je nach Sorte hochgebunden werden. Die Wildtomaten sind recht tolerant gegenüber der Kraut- und Braunfäule. Durch die Kreuzung mit Kulturtomaten versucht man, diese positiven Eigenschaften auf neue Sorten zu übertragen. Die Früchte werden meist nur haselnussgroß, sind dafür aber sehr aromatisch.

Für Würze und Geschmack: das Kräuter- und Pflanzenanzuchtbeet

Übersicht über den Kräuteranbau

Beim Kräuteranbau unterscheidet man zwischen den einjährigen, den zweijährigen und den mehrjährigen Kräutern.

Die ein- und zweijährigen Kräuter sowie die Gemüse- und Salatpflanzen, die für den Garten vorgezogen werden sollen, können Sie in einem kleineren Garten auf einem gemeinsamen Beet kultivieren. Bei einem größeren Gemüsebedarf und bei dem Wunsch, zweijährige Blumen vorzuziehen, sollten Sie je ein Beet für die Kräuter und die Pflanzenanzucht einrichten.

Auf diesem Beet werden die Kräuter Petersilie, Dill, Kerbel, Kresse und einjähriges Bohnenkraut angebaut. Einjähriges Basilikum und Borretsch werden aufgrund ihrer positiven Wirkungen zwischen die Gemüsekulturen gepflanzt.

Den Anbau der Salat- und Gemüsepflanzen nehmen Sie in zwei Etappen vor. Im Frühjahr ziehen Sie Kohlrabi, Brokkoli, Lauch, Grünkohl und nach persönlichem Bedarf auch Rot-, Weiß- und Wirsingkohl vor. Im Sommer ab dem 22. Juni säen Sie Chinakohl, Zuckerhut und Endivien für die Herbsternte, im August Wintersalat für die Ernte im kommenden Frühjahr aus. Da das Beet nicht in die Fruchtfolge integriert wird, sollten die Kräuter- und Gemüsepflanzen jährlich die Beetseite wechseln.

Kräuter- und Pflanzenanzuchtbeet Einkaufsliste für ein 4 m langes Beet:
Je eine Samentüte Petersilie, Wurzelpetersilie, Dill, Kresse, Kerbel, Grünkohl, Lauch, Rosenkohl, Brokkoli, Sommersalat, Endiviensalat, Radicchio, Chinakohl, Wintersalat, Zuckerhut.

Das Beet vorbereiten

Mitte April, wenn der Boden abgetrocknet ist, lockern Sie ihn je nach Beschaffenheit mit der Grabegabel oder mit dem Kultivator und Sie entfernen alle abgestorbenen Pflanzenreste. Anschließend bereiten Sie mit der Harke ein feines Saatbeet vor. In dieses ziehen Sie mit jeweils 10 cm Abstand insgesamt elf Reihen.

Ein- und zweijährige Kräuter aussäen

Säen Sie Ihre Favoriten unter den ein- beziehungsweise zweijährigen Kräutern im Frühjahr mit als erstes mit aus. Für einige Kräuter (siehe Seite 104 ff.) empfiehlt sich eine Nachsaat im Laufe des Sommers. Für die Aussaat auf diesem Beet bieten sich folgende Kräuter an:

Den ersten **Dill** können Sie schon Ende März ins Frühbeet säen, der Hauptanbau erfolgt aber Mitte April auf diesem Beet. Da Dill schnell zur Blütenbildung neigt und das frische Grün dann nicht mehr zur Verfügung steht, sollten Sie ihn im Laufe des Sommers nachsäen – sofern er sich nicht schon von alleine im Garten ausgesät hat. Dill steht in der Mischkultur gerne zwischen Gurken und Kohlpflanzen, aber auch zwischen Dicken Bohnen, wo er gleichzeitig Läuse vertreibt.

Für eine Ernte im Mai säen Sie **Kerbel** Mitte April aus. Wenn Sie die Blüten- und Samenbildung zulassen, sät sich Kerbel im Garten selbst aus. Ansonsten sollten Sie Kerbel für die Herbst- und Frühjahrsernte im August/September nochmals aussäen. Kerbel ist wie Petersilie winterfest. Im Frühjahr liefert dieser Kerbel das erste zarte würzige Grün. Die geschmacklich an Anis erinnernde Pflanze sollten Sie frisch verwenden.

Die schnellwüchsige **Garten-Kresse** kann über das Jahr verteilt nachgesät werden – so haben Sie das herbe Kraut ständig zum Würzen zur Verfügung.

Petersilie ist eine zweijährige Pflanze. Sie säen sie im Frühjahr mit den anderen einjährigen Kräutern aus und können dann im Sommer und Herbst und auch noch im folgenden Frühjahr das frische Grün ernten. Da Petersilie überwintert, sollten Sie sie am Beetrand platzieren, damit Sie die übrige Fläche wieder bearbeiten können.

Übersicht

Einjährige Kräuter	Anis (*Pimpinella anisum*), Basilikum (*Ocimum basilicum*), Sommer-Bohnenkraut (*Satureja hortensis*), Borretsch (*Borago officinalis*), Dill (*Anethum graveolens*), Garten-Kresse (*Lepidium sativum*).
Zweijährige Kräuter	Blatt-Petersilie (*Petroselinum crispum* var. *crispum*), Wurzel-Petersilie (*Petroselinum crispum* var. *tuberosum*), Kerbel (*Anthriscus cerefolium*).
Mehrjährige Kräuter	Beifuß (*Artemisia vulgaris*), Winter-Bohnenkraut (*Satureja montana*), Estragon (*Artemisia dranunculus*), Lavendel (*Lavandula officinalis*), Liebstöckel, „Maggiekraut" (*Levisticum officinale*), Lorbeer (*Laurus nobilis*), Oregano, Wilder Majoran (*Origano majorana*), Pfefferminze (*Mentha × piperita*), Rosmarin (*Rosmarinus officinalis*), Salbei (*Salvia nemorosa*), Sauer-Ampfer (*Rumex acetosella*), Schnittlauch (*Allium schoenoprasum*), Thymian (*Thymus officinalis*), Wermut (*Artemisia absinthum*), Winterhecken-Zwiebel (*Allium fistulosum*), Pimpinelle (*Sanguisorba minor*), Zitronenmelisse (*Melissa officinalis*), Ysop (*Hyssopus officinalis*).

Petersilien-Samen keimen sehr langsam, üben Sie sich also in Geduld. Ob Sie sich für die krausen oder glatten Sorten entscheiden, ist Geschmacksache.

Die **Wurzel-Petersilie** sollten Sie wie Petersilie mit auf das Kräuterbeet säen. Nur wird hier im Laufe des Sommers das Grün nicht geerntet, sondern verbleibt zur Wurzelausbildung an der Pflanze. Im Herbst graben Sie die Wurzeln aus dem Boden und lagern sie wie die übrigen Wurzelgemüse in Sand ein.

Einjährige Kräuter für Wachstum und Pflanzengesundheit

- **Basilikum** (*Ocimum basilicum*) ist eine frostempfindliche, deshalb bei uns einjährige Pflanze und muss im Frühbeet, Gewächshaus oder vor der Fensterbank vorgezogen werden. Die Pflanzen dürfen Sie erst Mitte Mai nach den Eisheiligen nach draußen pflanzen. Sie stehen sehr gut zwischen den Gurkenpflanzen auf dem „Indianerbeet“ und haben hier eine vorbeugende Wirkung gegen Mehltau.
- **Sommer-Bohnenkraut** (*Satureja hortensis*) säen Sie erst Mitte April aus. Hier empfiehlt es sich, einige Pflanzen zwischen die Buschbohnen zu setzten, da Bohnenkraut die Bohnenlaus vertreibt und das Wachstum der Bohnen günstig beeinflusst. Bohnenkraut können Sie sowohl frisch als auch getrocknet verwenden.
- **Borretsch** (*Borago officinalis*), auch Gurkenkraut genannt, säen Sie Mitte April aus, wobei Sie immer nur wenige Exemplare vorsehen. Borretsch wird zu einer großen, ausladenden Pflanze mit kleinen himmelblauen Blüten. Die Pflanze sät sich gern selber aus und trägt so zum eigenen Fortbestehen bei. Borretsch hat sich als Nachbar zu Kohl und Gurken bewährt. Essbar vom Borretsch sind die jungen Blätter, die frischen Triebe und die blauen Blüten, mit denen sich auch nett Salate und Gerichte dekorieren lassen. Verwenden Sie alle Pflanzenteile frisch.
- **Kapuzinerkresse** (*Tropaeolum major*) können Sie ab den Eisheiligen Mitte Mai an die Ränder von Stangenbohnen, Tomaten, Dicken Bohnen oder zwischen Kohlgewächse setzen, wo sie Schadinsekten, insbesondere Läuse, abwehrt. Verwenden Sie hier die weniger wüchsigen Sorten der Art.
- **Kamille** hat sich hervorragend als Wachstum und Aroma fördernde Begleitpflanze für Tomaten bewährt. Zwischen Bohnen, Erbsen, Salat oder Spinat gepflanzt, erhöht sie die Widerstandskraft gegen Pilzkrankheiten.

TIPP

Wurzel-Petersilie antreiben

- Schneiden Sie das Grün etwa 1 cm über der Wurzel ab und kürzen die Wurzelenden etwas ein.
- Setzen Sie die Wurzeln im Herbst in einen größeren Blumentopf.
- Füllen Sie zwischen die Wurzeln Sand oder lockere, durchlässige Erde.
- Stellen Sie die Töpfe an einem frostfreien, aber kühlen Ort auf.
- Holen Sie nach Bedarf die Töpfe in die Küche, sobald aus den Wurzeln frisches Petersiliengrün sprießt

Salat- und Gemüsepflanzen aussäen

Entsprechend des Anbauplanes säen Sie die Salat- und Gemüsepflanzen dünn aus und schließen die Reihen mit dem Harkenrücken. Vergessen Sie nicht, die Reihen zu beschriften, da sich die Kohlpflanzen im jungen Entwicklungsstadium untereinander zum Verwechseln ähneln. Lauch und Grünkohl sollten nebeneinander stehen, da beide Pflanzen gleichzeitig verpflanzt werden.

Kräuter-Potpourri: Dill, Schnittlauch, Petersilie.

Gemüsejungpflanzen pflegen

Wenn die Gemüsepflanzen etwa 10 cm hoch sind, müssen Sie sie auf einen Abstand von 2 bis 3 cm vereinzeln. Kultivieren Sie nur die kräftigsten und gesunden Pflanzen weiter. Zwischen den Reihen lockern Sie den Boden mit einer schmalen Hacke, wodurch Sie den Boden belüften und aufkommende Unkräuter beseitigen. Die Jungpflanzen regelmäßig gießen, aber nicht zu feucht stehen lassen.

Gemüsepflanzen umsetzen

Die Rosenkohl- und Brokkolipflanzen werden Anfang bis Mitte Juni auf ihren endgültigen Platz im Garten verpflanzt. Dazu sollten Sie einen bedeckten, am besten trüben und regnerischen Tag abpassen. Nehmen Sie die Pflanzen mit Erdballen aus dem Vorzuchtbeet und setzen Sie sie gleich in das vorbereitete Pflanzloch, bei unserem Anbauplan also in das Bohnenbeet. Als letzte Pflanzen räumen Mitte Juli die Grünkohl- und Lauchpflanzen das Vorzuchtbeet.

Herbst- und Wintersalate aussäen

Die Herbst- und Wintersalate dürfen, wie bereits auf Seite 29 beschrieben, erst nach dem 21. Juni mit den dann wieder kürzer werdenden Tagen ausgesät werden. In die frei gewordenen Reihen säen Sie jetzt Endivien, Zuckerhut und Radicchio.

Chinakohl aussäen

Für den Chinakohl, der sich sehr schlecht verpflanzen lässt, sollten Sie folgendes Aussaatverfahren anwenden: Im Abstand von 20 × 20 cm säen Sie den Chinakohl in Gruppen von jeweils drei Samen gemeinsam auf einem Platz aus. Wenn sich bei den Pflanzen die ersten zwei „echten“ Laubblätter oberhalb der Keimblätter gebildet haben, lassen Sie in jeder Gruppe nur die kräftigste Pflanze stehen. Der Chinakohl hat einen hohen Nährstoffbedarf, den Sie spätermit großzügigen Gaben von Kompost- und Brennnessel-Jauche decken sollten. Bei Trockenheit müssen Sie regelmäßig wässern. Ein Porträt zum Chinakohl finden Sie auf Seite 92.

Herbst- und Wintersalate verpflanzen

Spätestens Mitte August sollten Sie die Herbst- und Wintersalate auf ihren endgültigen Platz im Garten verpflanzen. Nehmen Sie die hierfür benötigten Pflanzen so aus der Reihe, dass alle 25 cm eine kräftige Salatpflanze auf dem Vorzuchtbeet stehen bleibt. So bleibt also ein Teil der vorgezogenen Salatpflanzen bis zur Ernte im Spätherbst auf diesem Beet, der andere Teil wird auf die Beete verpflanzt.

SPEZIAL

Mehrjährige Kräuter

Die mehrjährigen Kräuter benötigen nicht unbedingt ein eigenes Beet oder einen extra bereitgestellten Gartenbereich. Sie können sehr gut als Beeteinfassung dienen, in einer dekorativen und gleichzeitig Platz sparenden Kräuterspirale untergebracht oder einfach in die Blumenbeete integriert werden.
Der Standort sollte so gewählt werden, dass die Voraussetzungen für ein gesundes Kräuterwachstum gegeben sind. Gleichzeitig sollte man sich durch sinnvolle Pflanzenkombinationen die positiven Wirkungen der Kräuter auf die Pflanzengemeinschaft zu Nutze machen, beispielsweise bei den „Pflanzenpartnern“ Rosen und Lavendel.
Aus praktischen Gründen sollte ein eigens für die Kräuter angelegtes Beet in Nähe der Küche liegen – so hat man schnellen Zugriff auf die Tee- und Gewürzkräuter. Schon 1 m² reicht aus, um die im Alltag gebräuchlichen Kräuter unterzubringen.

Berg-Bohnenkraut (*Satureja montana*)

Standort: Es liebt sonnige Standorte, ist dabei aber mit einem geringen Nährstoffangebot zufrieden.
Kultur/Pflege: Das mehrjährige Berg-Bohnenkraut entwickelt sich zu einem kleinen Busch, den Sie jedes Frühjahr zurückschneiden müssen. In rauen Lagen vor Spätfrösten schützen!
Verwendung: Vom Bohnenkraut verwendet man die jungen Triebe frisch als Braten- oder Bohnengewürz, man kann es aber auch für den Wintervorrat trocknen.
Vermehrung: Problemlos ab April aus Samen; im Sommer die Pflanzen an ihren endgültigen Platz im Garten setzen.

Echte Pfefferminze (*Mentha × piperita*)

Von Pfefferminzpflanzen gibt es inzwischen unzählige verschiedene Arten und Sorten mit unterschiedlichen Geschmacksrichtungen.
Standort: Alle Minzen bevorzugen lockeren, humosen und feuchten Standort, der auch leicht schattig sein darf. Wichtig ist, dass sie sich an dem Standort ausbreiten und verwildern dürfen, da sich die Pflanze stark über Ausläufer ausbreitet.
Verwendung: Pfefferminze kann frisch oder auch getrocknet für Tees, Salate, Dips oder Soßen verwendet werden.
Vermehrung: Über Ausläufer oder Stecklinge.

Estragon (*Artemisia dracunculus*)

Für den Garten sollten Sie dem aromatischen, französischen Estragon den Vorzug geben.
Standort: Estragon benötigt einen humus- und nährstoffreichen Boden.
Kultur/Pflege: Über Ausläufer vehemente Ausbreitung, deshalb wichtig: konsequent in Schach halten!
Verwendung: Die jungen Triebe laufend frisch für Suppen, Soßen und Salate ernten. Estragon kann sowohl eingefroren als auch getrocknet werden.
Vermehrung: Über Ausläufer (einfach abstechen).

Lavendel (*Lavandula angustifolia*)

Standort: Wärme liebende Pflanze, die einen sonnigen Platz im Garten mit einem durchlässigen Boden braucht.
Kultur/Pflege: Lavendel im Sommer nach der Blüte zurückschneiden und altes und totes Holz entfernen.
Verwendung: Lavendel ist mit den blauen, ährenartigen Blüten sehr dekorativ im Blumenbeet. An sonnigen Tagen ist das Aroma besonders intensiv, aber auch in getrocknetem Zustand (Duftkissen). Lavendel zwischen Rosen vertreibt Läuse.
Vermehrung: Einen verholzten Lavendelzweig etwa 10 cm tief in die Erde stecken, wo er zuverlässig Wurzeln schlägt.

Liebstöckel, „Maggikraut“ (*Levisticum officinale*)

Standort: Eine sehr einnehmende Pflanze für ausreichend Platz in Sonne bis Halbschatten. Wichtig ist ein tiefgründiger, nährstoffreicher Boden.
Kultur/Pflege: Im Sommer die Blütenansätze für Neuaustrieb entfernen. Wurzelstock regelmäßig abstechen, um unkontrolliertem Wachstum vorzubeugen.
Verwendung: Frisch, aber auch getrocknet und eingefroren für Suppen und Soßen. „Maggikraut“ liefert im Frühjahr mit das erste Grün.
Vermehrung: Über die Teilung des Wurzelstockes im Herbst oder Frühjahr.

Majoran, Oregano (*Origanum vulgare*)

Majoran ist ein anspruchsloser Halbstrauch.
Standort: In der Sonne entwickeln sich die ätherischen Öle am intensivsten.
Kultur/Pflege: Im Frühjahr die abgestorbenen Triebe knapp über dem Boden zurückschneiden, die Pflanzen treiben dann zuverlässig und gleichmäßig wieder aus.
Verwendung: Frische oder getrocknete Blätter am besten mitkochen.
Vermehrung: Einmal im Garten, verbreitet er sich durch seine Samen überall. Majoran lässt sich aber auch über eine Teilung des Wurzelstockes vermehren.

Pimpinelle, Kleiner Wiesenknopf (*Sanguisorba minor*)

Anspruchslose, mehrjährige kleine Staude.
Standort: Im Garten verträgt sie einen halbschattigen Standort.
Kultur/Pflege: Im Sommer die Blütenstände entfernen.
Verwendung: Die Blättchen liefern im Frühjahr mit das erste Grün für Salate und Soßen. Pimpinelle hat einen nussigen Geschmack und einen hohen Vitamin-C-Gehalt, deshalb nur frisch verwenden!
Vermehrung: Über Samen oder Teilung älterer Pflanzen.

SPEZIAL

Mehrjährige Kräuter (Fortsetzung)

Rosmarin (*Rosmarinus officinalis*)

Standort: Rosmarin braucht Sonne und einen humosen, wasserdurchlässigen Boden.
Kultur/Pflege: In unseren Breitengraden während der Winterzeit ins Haus holen, da er nicht winterhart ist. Am besten im Kübel halten.
Verwendung: Geerntet werden die nadelförmigen Blätter, die bei kräftigen Fleischgerichten am besten mitgekocht werden. Das Kraut ist aus der mediterranen Küche nicht mehr wegzudenken.
Vermehrung: Man kann ihn über Stecklinge vermehren.

Salbei (*Salvia officinalis*)

Vom Salbei gibt es auch dekorative buntblättrige Sorten.
Standort: Salbei liebt einen sonnigen Standort. Der bis zu 50 cm hohe Busch ist mit seinen violetten Blüten sehr attraktiv, dient außerdem als Bienenweide, deshalb bietet sich ein Platz auf dem Staudenbeet an.
Kultur/Pflege: Für eine ständige Verjüngung im Frühjahr zurückschneiden.
Verwendung: Frisch und getrocknet für Tees oder sparsam in mediterranen Gerichten.
Vermehrung: im Frühjahr über Samen, einfacher ist aber die Vermehrung über Stecklinge.

Sauer-Ampfer (*Rumex acetosa*)

Sauer-Ampfer liefert im Frühjahr mit wenigen anderen Kräutern das erste viaminreiche Grün.
Standort: Die Pflanze liebt einen tiefgründigen Boden und ist ansonsten anspruchslos. Sie verträgt einen leicht schattigen Platz.
Kultur/Pflege: Die sich ausbreitende Staude sollte gelegentlich für eine Verjüngung geteilt werden.
Verwendung: Die frischen Blätter verleihen Salaten, Dips und Soßen eine angenehm-säuerliche Note.
Vermehrung: Mittels Teilung des Wurzelstockes.

Schnittlauch (*Allium schoenoprasum*)

Der Schnittlauch liefert mit den Winterhecken-Zwiebeln das erste Zwiebelgrün im Frühjahr.
Standort: Schnittlauch gedeiht gut auf nährstoffreichem Boden.
Verwendung: Schnittlauch frisch für Suppen, Soßen, Kräuterbutter verwenden. Im Herbst in Blumentöpfe gepflanzt,kann man ihn im Laufe des Winters zum Treiben in die Küche holen und frisch verwenden. Wird wegen der violetten Blüten gelegentlich als Beeteinfassung verwendet.
Vermehrung: Alle zwei bis drei Jahre teilen.

Thymian (*Thymus vulgaris*)

Im Handel werden verschiedene Arten und Sorten angeboten. Eine frisch-würzige Geschmacksnote hat der Zitronen-Thymian (*T. × citriodorus*).
Standort: Thymian gehört zu den Wärme liebenden Pflanzen. Er benötigt einen sonnigen Platz im Garten, ist aber in Sachen Nährstoffgehalt sehr anspruchslos.
Kultur/Pflege: Ein gelegentlicher Rückschnitt hält ihn kompakt.
Verwendung: Frisch oder getrocknet für Tees und raffinierte Gerichte.
Vermehrung: Erfolgt über Stecklinge.

Weinraute (*Ruta graveolens*)

Die Weinraute ist eine dekorative Pflanze mit zarten Blättern. Die Blätter verströmen einen intensiven süßlichen Geruch.
Standort: Die Pflanze liebt einen kalkhaltigen Boden, ist ansonsten aber sehr anspruchslos.
Kultur/Pflege: In sehr kalten Wintern die Staude vor strengen Frösten schützen. Im Frühjahr die Triebe kürzen.
Verwendung: Laufend ernten und frisch, aber in Maßen für kräftig schmeckende Fleichgerichte und Eintöpfe verwenden. Vorsicht: Größere Mengen führen zu Verdauungsstörungen!

Ysop (*Hyssopus officinalis*)

Standort: Ysop gedeiht am besten auf durchlässigem Boden an einem sonnigen Standort.
Kultur/Pflege: Zur Verjüngung Ysop im Frühjahr nach dem Austrieb zurückschneiden, damit er nicht verholzt. In strengen Wintern vor Frost schützen.
Verwendung: In der Küche frisch oder auch getrocknet, aufgrund seines kräftig-herben Geschmacks jedoch sparsam dosieren! Im Sommer wirken seine intensiv-blauen Blüten dekorativ im Beet, in Sträußen oder in Trockengebinden.
Vermehrung: Am einfachsten über Stecklinge.

Zitronenmelisse (*Melissa officinalis*)

Die genügsame Zitronenmelisse ist nach ihrer Etablierung im Garten eine unverwüstliche Pflanze.
Standort: Sonne, Halbschatten bis Schatten.
Kultur/Pflege: Für frisches, junges Grün auch während des Sommer die Triebe immer wieder zurückschneiden. Zitronenmelisse entfaltet ihr Aroma nur im frischen Zustand.
Verwendung: Frisch aufgebrüht für Tees, frisch geerntet für Salatsoßen, Dips und Aufstriche.
Vermehrung: Über Selbstsaussaat im Garten, aber auch durch Teilung des Wurzelstockes möglich.

KULTURKALENDARIUM

Kulturkalendarium der einzelnen Gemüse-Arten

Pflanzenfamilie	Pflanzenart		Vorzucht	Dünger-bedürftigkeit	Reihenabstand (in cm)	Pflanzenabstand in der R (in cm)
Schmetterlingsblütler						
	Buschbohnen	normal		schwach	60 (bei Zwischenpflanzungen) *	30
		spät		schwach	30	30
	Stangen-Bohnen			mittel	80	60
	Prunk-Bohne			schwach	80	60
	Puff-Bohnen			mittel	80	10
	Erbsen	Schal-		schwach	50 (bei Doppelreihe)	5
		Mark-		schwach	50 (bei Doppelreihe)	5
	Spargelerbse			schwach	40	10
Nachtschattengewächse						
	Tomaten		ja*	hoch		50
	Paprika / Peperoni		ja*	hoch		40
	Früh-Kartoffeln		möglich	hoch	60	30
	Kartoffeln			hoch	60	35
	Andenbeere		ja	hoch		60
	Tomatillo		ja	hoch		60
Kürbisgewächse						
	Kürbisse		ja*	sehr hoch	100	100
	Melonen		ja*	sehr hoch	100	100
	Zucchini		möglich	hoch	100	80
	Gurken, Gewürz-		möglich	sehr hoch	100	10
	Salat- (Gewächshaus)		möglich	sehr hoch	100	80
Kreuzblütler						
	Kohlrabi	Frühjahrs-	ja*	hoch	20	20
		Sommer-	ja	hoch	25	25
		Herbst-	ja	hoch	30	30
	'Superschmelz'		ja	hoch	30	30
	Butterkohl (Spitz-)		ja*	hoch	50	50
	Brokkoli	Frühjahrs-	ja*	sehr hoch	50	50
		Später-	ja	hoch	50	60
	Blumenkohl	Frühjahrs-	ja*	sehr hoch	50	50
		Herbst-	ja	sehr hoch	50	50
	Rosenkohl		ja	hoch	50	60
	Grünkohl		ja	hoch	50	40
	Chinakohl			hoch	40	50
	Weiß-, Rotkohl		ja	sehr hoch	50	50
	Wirsingkohl		ja	sehr hoch	50	50
	Rettich	Frühjahrs-		mittel	10	5
		Herbst-		mittel	20	8–10
	Radieschen	Frühjahrs-		mittel	10	5
		Herbst-		mittel	10	5
	Steckrüben		ja	hoch	40	30
	Teltower Rübchen			mittel	20	10
	Stielmus			mittel	20	2
	Pak-Choi			hoch	20	20
	Asia-Salate			hoch	20	10
	Rucola/Rauke			mittel	30	10

Jan.	Febr.	März	April	Mai	Juni	Juli	Aug.	Sept.	Okt.	Nov.	Dez.
				↓↓	↑↑↑	↑↑×	×				
					↓↓	↑↑↑	↑↑↑	××			
				↓↓	↑↑↑	↑↑↑	×××	×			
				↓↑↑	↑↑↑	↑↑↑	×××	×			
		↓↓↓	↑↑↑	↑↑↑	↑↑↑	××					
			↓↓↓	↑↑↑	↑↑↑	×					
			↓↓	↑↑↑	↑↑↑	×××					
				↓↓	↑↑↑	×↑×	↑×↑	×↑×	××		
		↓↓↓	△△△	△VV	↑↑↑	↑↑↑	×××	×××	×××		
		↓↓↓	△△△	△VV	↑↑↑	↑↑↑	×××	×××	×××		
		↓↓	△VV	↑↑↑	↑↑↑	×××					
			↓↓↓	↑↑↑	↑↑↑	↑↑↑	↑↑↑	×××			
		↓↓↓	△△△	△VV	↑↑↑	↑↑↑	×××	×××	×××		
		↓↓↓	△△△	△VV	↑↑↑	↑↑↑	×××	×××	×××		
			↓↓	△VV	↑↑↑	↑↑↑	↑↑↑	×××			
			↓↓△	△△V	↑↑↑	↑↑↑	↑××	××			
			↓↓△	△△V	↑↑↑	×××	×××	××			
			↓↓	△VV	↑↑↑	↑↑↑	↑××	×××			
		↓↓	△△V	↑↑↑	↑↑↑	×××	×××	×××			
		↓↓△	V↑↑	↑××							
			↓↓	V↑↑	↑↑↑	××					
					↓↓	V↑↑	↑↑↑	××			
				↓↓	V↑↑	↑↑↑	↑↑↑	↑××	××		
		↓↓△	V↑↑	↑↑↑	↑××						
		↓↓△	V↑↑	↑↑↑	×××						
			↓↓	△△△	V↑↑	↑↑↑	↑↑↑	↑××	×××	××	
		↓↓△	V↑↑	↑↑↑	↑××						
			↓↓	△△△	V↑↑	↑↑↑	↑↑↑	×××			
			↓↓	△△△	V↑↑	↑↑↑	↑↑↑	↑↑↑	↑↑↑	×××	×××
				↓↓△	△△△	VV↑	↑↑↑	↑↑↑	↑↑↑	↑↑↑	×××
					↓↓	↑↑↑	↑↑↑	↑↑↑	↑××		
			↓↓	△△△	V↑↑	↑↑↑	↑↑↑	↑↑↑	↑××		
			↓↓	△△△	V↑↑	↑↑↑	↑↑↑	↑↑↑	↑××		
			↓↓↓	↑××							
							↓↓↑	↑↑↑	↑××		
		↓↓	↑↑×	××							
							↓↓	↑↑↑	××		
				↓↓	△△V	↑↑↑	↑↑↑	↑↑↑	↑↑↑	× ×	
							↓↓	↑↑↑	↑↑↑	×××	×
			↓↓↓	↑↑×	×						
						↓↓	↑↑↑	××			
			↓↓↑	↑↑×	××						
			↓↓↓	↑↑↑	×↑×	↑×↑	×↑×	↑×↑			

KULTURKALENDARIUM

Kulturkalendarium der einzelnen Gemüse-Arten

Pflanzenfamilie	Pflanzenart		Vorzucht	Dünger-bedürftigkeit	Reihenabstand (in cm)	Pflanzenabstand in der R (in cm)
Baldriangewächse						
	Feldsalat			schwach	10	3
Portulakgewächse						
	Winterportulak			mittel	15	10
Doldenblütler						
	Möhren			mittel	30	8
	Knollen-Sellerie		ja*	hoch	30	30
	Pastinaken			mittel	30	10
	Zuckerwurzel			mittel	20	15
	Fenchel			hoch	30	20
Korbblütler						
	Schwarzwurzeln			mittel	20	10
	Haferwurzeln			mittel	30	20
	Winterendivien		ja	mittel	30	30
	Chicorée			mittel	30	8–10
	Radiccio			mittel	20	15
	Zuckerhut			hoch	20	20
	Schnitt-/Pflücksalat			schwach	10	3
	Kopfsalat	Frühjahrs-	ja*	mittel	20	20
		Sommer-	ja	mittel	25	25
		Herbst-		mittel	20	20
	Eissalat			hoch	30	30
	Winterkopfsalat		ja	mittel	20	20
	Topinambur			mittel	70	30
Gänsefußgewächse						
	Rote Bete			mittel	30	10
	Mangold			mittel	25	15
	Spinat	Frühjahrs-		hoch	10	5
		Herbst-		hoch	10	5
		Winter-		hoch	10	5
	Erdbeerspinat			mittel	20	10
Liliengewächse						
	Zwiebeln	Steck-		mittel	15	10
		Saat-		mittel	15	8
		Frühlings-		mittel	15	10
	Gemüse-Zwiebeln		ja	hoch	30	20
	Schalotten			mittel	20	15
	Lauchzwiebeln			mittel	20	5
	Porrée/Lauch	Sommer-	ja	hoch	30	15
		Winter-	ja	hoch	30	10
	Knoblauch			mittel	20	10
Rosengewächse						
	Erdbeeren			hoch	60	30
Süßgräser						
	Mais		möglich	sehr hoch	60	30

ja* Vorzucht der Pflanzen auf der Fensterbank, im Frühbeet oder Gewächshaus

ja Vorzucht der Pflanzen auf dem Beet

Jan.	Febr.	März	April	Mai	Juni	Juli	Aug.	Sept.	Okt.	Nov.	Dez.
↑↑×	↑××	××						↓↓	↑↑↑	↑↑↑	↑××
↑×↑	×↑×	↑×↑						↓↓↑	↑↑↑	↑×↑	×↑×
			↓↓	↑↑↑	↑↑↑	↑↑↑	↑↑↑	↑××	××		
		↓↓	△△△	V↑↑	↑↑	↑↑↑	↑↑↑	↑↑×	×		
			↓↓	↑↑↑	↑↑↑	↑↑↑	↑↑↑	↑↑↑	↑↑↑	↑××	
×××	×××	×	↓↓↓	↑↑↑	↑↑↑	↑↑↑	↑↑↑	↑↑↑	↑××	×××	×××
					↓↓↑	↑↑↑	↑↑↑	×××			
↑↑↑	↑↑↑	↑××	↓↓↑	↑↑↑	↑↑↑	↑↑↑	↑↑↑	↑↑↑	↑↑↑	↑××	↑××
↑↑↑	↑↑↑	× ↓	↓↓↑	↑↑↑	↑↑↑	↑↑↑	↑↑↑	↑↑↑	×↑×	↑×↑	×↑×
					↓↓	△△△	V↑↑	↑↑	↑↑×	×↑×	
×××	×××	××		↓↓	↓↑↑	↑↑↑	↑↑↑	↑↑↑	↑××		
					↓	↓↓↓	↑↑↑	↑↑↑	××		
					↓	↓↓↑	↑↑↑	↑↑↑	×↑×	××	
		↓↓	↑××	↑××	↑××						
		↓↓△	V↑↑	××							
			↓↓↓	V↑↑	××						
							↓↓↓	↑↑↑	××		
			↓↓↓	↑↑↑	↑↑×	×					
↑↑↑	↑↑↑	↑↑↑	××					↓↑↑	↑↑↑	↑↑↑	↑↑↑
×↑×	↑×↑	×↑×	↓↓↓	↑↑↑	↑↑↑	↑↑↑	↑↑↑	↑↑↑	××↑	×↑×	↑×↑
			↓↓	↑↑↑	↑↑↑	↑↑↑	↑↑↑	↑××			
↑↑↑	↑↑↑	↑××	↓↓	↑↑↑	↑↑↑	↑↑↑	↑××	↑××	↑××	↑××	↑↑↑
		↓↓↓	↑↑↑	××							
							↓↓↓	↑××			
↑↑↑	↑↑↑	↑××						↓↓↓	↑↑↑	↑↑↑	↑↑↑
		↓	↓↓↑	↑↑×							
			↓↑↑	↑↑↑	↑↑↑	↑↑↑	××				
			↓↑↑	↑↑↑	↑↑↑	↑↑↑	↑↑↑	××			
↑↑↑	↑↑↑	↑↑↑	↑××	×××					↓↓	↑↑↑	↑↑↑
	↓↓	△△△	V△△	△V↑	↑↑↑	↑↑↑	↑↑↑	↑××			
			↓↑↑	↑↑	↑↑↑	↑↑↑	↑××				
↑↑↑	↑↑↑	↑↑↑	↑↑↑	××		↓	↓↓↑	↑↑↑	↑↑↑	↑↑↑	↑↑↑
		↓△△	△△V	↑↑↑	↑↑↑	↑↑↑	↑××	↑××			
↑××	↑××	×××	↓↓	↑↑↑	↑↑V	V↑↑	↑↑↑	↑↑↑	↑××	↑××	↑××
↑↑↑	↑↑↑	↑↑↑	↑↑↑	×××					↓↑↑	↑↑↑	↑↑↑
↑↑↑	↑↑↑	↑↑↑	↑↑↑	↑↑↑	××↑	↑↑↑	VV↑	↑↑↑	↑↑↑	↑↑↑	↑↑↑
			↓↓	↓↓V	↑↑↑	↑↑↑	↑↑↑	×××			

↓ Aussaatzeit V Auspflanzzeit △ Wachstumszeit im Vorzuchtbeet ↑ Wachstumszeit auf den Beeten × Erntezeit

Pflanzenschutz beetweise

Trotz der die Pflanzengesundheit stärkenden Mischkultur kann es vorkommen, dass Pflanzen befallen und geschwächt werden. Welche Schäden auftreten können und wie Sie sich dagegen vorbeugend oder mit Hilfe „sanfter" Methoden wappnen, lesen Sie hier.
Wir stellen Ihnen die Krankheiten und Schädlinge sowie die Gegenmaßnahmen in Reihenfolge der Anbaupläne und der beteiligten Gemüsearten vor.

Krankheiten der Pflanzen des Frühbeetes

Alle Jungpflanzen, insbesondere Kohlpflanzen

Schwarzbeinigkeit

Die jungen Kohlpflanzen, die am unteren Stängelabschnitt wie eingeschnürt aussehen, schwarz verfärbt sind und eventuell sogar umkippen, sind von der Schwarzbeinigkeit befallen. Der Befall kann sogar so stark sein, dass Keimlinge ungleichmäßig auflaufen.

Die Schwarzbeinigkeit wird durch verschiedene Bodenpilze hervorgerufen. Sie befallen insbesondere Kohlpflanzen, die in Frühbeeten oder Gewächshäusern vorgezogen werden. Die Erreger überdauern im Boden oder können auch mit dem Saatgut eingeschleppt werden. Die Entwicklung dieser Bodenpilze wird durch hohe Bodenfeuchtigkeit gefördert. Wenn darüber hinaus noch die Wachstumsbedingungen der Pflanzen durch zu niedrige Temperaturen oder unzureichende Lichtverhältnisse ungünstig sind, sind sie geschwächt und anfälliger für Krankheitsbefall.

Die von der Schwarzbeinigkeit befallenen Pflanzen sind in ihrer Entwicklung gehemmt; Sie dürfen sie nicht für die weitere Kultur verwenden. Um die Schwarzbeinigkeit zu vermeiden, müssen Sie den Vorzuchtpflanzen gute Wachstumsbedingungen bieten und das Frühbeet oder Gewächshaus häufig lüften. Die Anzuchterde sollten Sie regelmäßig austauschen und vorbeugend mit Schachtelhalmbrühe übersprühen. Die Brokkoli-Sorte 'Emperor' gilt als weitgehend widerstandsfähig gegen den Erreger.

Regelmäßiges Lüften und gute Komposterde wirken vorbeugend gegen Krankheiten.

Krankheiten und Schädlinge der Pflanzen des Kartoffelbeetes

Lauchkrankheiten

Lauch- oder Porréerost (*Puccinia allii*)

In sehr feuchten und warmen Sommermonaten entstehen auf den Lauchblättern (auch an Schnittlauch und Winterheckenzwiebeln) vereinzelt kleine gelbliche, leicht stäubende Flecken, die Vorboten des Lauch- oder Porréerostes. Bei anhaltend feuchter Witterung nimmt die Zahl der Flecken im August/September zu und sie entwickeln sich zu orangefarbenen, meist länglichen Flecken. Diese Flecken platzen auf und die Sommersporen verteilen sich. Dieser Rostpilz kann sich bei günstigen Wachstumsbedingungen über den gesamten Bestand ausbreiten. Der Pilz überwintert an den Lauchpflanzen, die bis zum Frühjahr auf den Beeten verbleiben. Bei einem starken Befall schwächt der Pilz das der Pflanzenwachstum.
Verpflanzen Sie niemals mit Rost befallene Pflanzen. Geben Sie den Lauchpflanzen im Juli durch regelmäßige Jauchegüsse und eine ausgiebige Kompostgabe gute Wachstumsbedingungen, da widerstandsfähige Pflanzen nicht so stark befallen werden. Stark befallene Lauchblätter sollten Sie vernichten. Im Herbst mit Beginn der kühleren Temperaturen wird der Rost in seiner Entwicklung gebremst und die Pflanzen „wachsen sich gesund“, die neu gebildeten Blätter sind also befallsfrei.

Papierfleckenkrankheit (*Phytophtora porri*)

Auf den Blattspitzen der Lauchblätter bilden sich ab Ende Juli wässrige Flecken. Das befallende Gewerbe stirbt ab und wird papierartig-weißlich. Die unregelmäßigen Flecken können sich später auch auf die Blattflächen ausweiten und dort durchscheinende, weiße Flecken bilden. Die Papierfleckenkrankheit, die ihren Namen vom Erscheinungsbild hat, wird durch einen Pilz ausgelöst. Er überwintert als Dauerspore im Boden.
Da der Pilz erst Ende Juli aktiv wird, ist die Schädigung durch die Papierfleckenkrankheit in der Regel nicht so gravierend, dass die gesamte Pflanze in Mitleidenschaft gezogen wird. Stärken Sie Ihre Lauchpflanzen durch eine Kompost- und Jauchegabe in ihrer Entwicklung. Auf keinen Fall sollten Sie bereits befallene Pflanzen verpflanzen. Da der Pilz als Dauerspore im Boden überwintert, ist eine weite Fruchtfolge, also das Einhalten langer Zeitabstände zwischen zwei Lauchkulturen, wichtig.

Purpurfleckenkrankheit (*Alternaria porri*)

Auf den Lauchpflanzen bilden sich ovale, graue Flecken, die von violetten, konzentrischen Kreisen umrandet sind. Der Name dieser Pilzkrankheit geht auf dieses auffällige Erscheinungsbild zurück. Bei feucht-warmem Wetter breitet sich der Pilz über die Blätter aus. Die Blätter reißen auf, verdrehen sich und sterben ab. Bei Befall des Schaftes zerfällt dieser und wird zu einer schleimigen Masse. Die Ursache für diese Erkrankung ist ein Pilz, der auf Ernteresten im Boden oder auf den Samen

Helfer beim Pflanzenschutz – Nützlinge

Florfliegen (*Chrysopidae*)
Die Florfliegen – aufgrund ihres Aussehens auch „Goldaugen“ genannt – ernähren sich von Blütenpollen, Nektar und dem von Läusen ausgeschiedenen Honigtau, selten von den Läusen direkt. Es gibt unter den Florfliegen mehrere Arten, die sehr gefräßige Larven haben. Diese räuberischen Larven vertilgen Blattläuse, Milben sowie Eier von Schmetterlingen und Fliegen. Blütenreiche Gärten locken dieses hübsche Insekt an.

Schwebfliegen (*Syrphidae*)
Die artenreiche Familie der gelb-schwarz gestreiften Schwebfliegen ähneln einer Wespe, sind aber völlig harmlos. Ein Erkennungsmerkmal für alle Schwebfliegen ist der schnelle Flügelschlag, die träge Flugbahn sowie die seitlich abstehenden Flügel (Wespen falten ihre Flügel im Ruhezustand über dem Körper zusammen). Die erwachsenen Tiere ernähren sich von Blütennektar und Pollen. Pro Jahr entstehen bis zu fünf Generationen. Die Weibchen legen ihre Eier direkt in Blattlauskolonien ab, aus denen dann nach wenigen Tagen die gefräßigen Larven schlüpfen. Diese vertilgen in ihrer zwei Wochen dauernden Entwicklungszeit 400 bis 700 Blattläuse! Die Schwebfliegen lieben blütenreiche Gärten.

Schlupfwespen
(*Ichneumonidae*)
Von den Schlupfwespen gibt es allein in Europa 10.000 verschiedene Arten. Einige legen ihre Eier in die Larven, Puppen oder auch in die Eier anderer Insekten. Für die aufgesuchten Opfer endet das tödlich. Die einzelnen Arten parasitieren Kohlweißlingsraupen, Blattlausarten, Gemüsefliegen, Schildläuse, aber auch Schmetterlingsraupen. Die Schlupfwespen werden durch Doldenblütler wie Dill, Fenchel oder Kümmel angezogen. Sie überwintern im Gras- oder Krautwuchs oder in der Mumie ihrer Wirte.

Raupenfliegen (*Tachinidae*)
Diese nützlichen Insekten, von denen es bei uns etwa 500 Arten gibt, sehen der Stubenfliege sehr ähnlich. Alle Raupenfliegen sind Parasiten und wählen Schmetterlingsraupen als Nahrungsgrundlage für ihren Nachwuchs aus. Bei der Eiablage verfolgt jede Art eine

unterschiedliche Strategie. Ihnen gemeinsam ist, dass sich die aus den Eiern schlüpfenden Larven direkt von ihren Raupen-Opfern ernähren können. Es kommt zu mehreren Generationen pro Jahr. Die Raupenfliegen ernähren sich von Nektar, Honigtau und dem Saft süßer Früchte und bevorzugen Doldenblütler.

Laufkäfer (*Carabidae*)
Die räuberischen Käfer töten mit ihren kräftigen Mundwerkzeugen Schnecken, Würmer, Raupen und sondern anschließend eine Verdauungsflüssigkeit zur Zersetzung der Nahrung ab. Laufkäfer sind überwiegend nachtaktiv. Die Käfer werden mehrere Jahre alt, ihre Entwicklung vom Ei bis zur Larve dauert zwei bis drei Jahre. Die Larve ähnelt einem langgestreckten Engerling. Tagsüber suchen die Käfer Schutz zwischen Laub, Holz und Gräsern.

Marienkäfer (*Coccinellidae*)
Von diesen bekannten „Glückskäfern“ gibt es etwa 70 verschiedene Arten, von denen sich sehr viele von Blattläusen ernähren. Ein Marienkäfer frisst bis zu 150 Blattläuse pro Tag. Nicht nur die erwachsenen Tiere fressen Blattläuse, sondern auch die Larven. Die Weibchen legen ihre gelben Eier in die Nähe von Blattlauskolonien, aus denen dann graublaue, meist farbig gepunktete Larven schlüpfen. Einige Marienkäfer-Arten verzehren auch Schildläuse und Spinnmilben oder haben sich auf Mehltaupilze spezialisiert.

Ohrwürmer (*Dermaptera*)
Sie ernähren sich von Blattläusen, den Eiern von Gespinnstmotten, Apfelwicklern und Milben. Sie fressen aber auch gerne an Pflanzen oder Obst, richten hier durch ihre Fraßtätigkeit jedoch keine größeren Schäden an. Sie sind nachtaktiv und verstecken sich tagsüber in Schlupfwinkeln. Zum Anlocken haben sich umgekehrt aufgehängte, mit Stroh gefüllte Blumentöpfe bewährt.

Milben (*Acari*)
Unter der großen Vielfalt der Milben-Arten gibt es neben Nützlingen auch weit verbreitete Obstbaumschädlinge. Deren natürliche Gegenspieler bevorzugen einen ähnlichen Lebensraum. Bekannt ist die für Gewächshauskulturen gezüchtete Raubmilbe, auf deren Speisezettel Spinnmilben und Läuse stehen.

Erdkröten (*Bufo bufo*)
Erdkröten fressen bei ihren nächtlichen Streifzügen Nacktschnecken, Käfer, Spinnen, Fliegen und auch Regenwürmer. Erdkröten sind auf ein Laichgewässer in maximal 1 bis 2 km Entfernung angewiesen, kehren aber nach dem Ablaichen wieder in den Garten zurück. Sie bleiben einem „erdkrötengerechten“ Revier ein Leben lang treu.

Blindschleichen
(*Anguis fragilis*)
Diese „Eidechsen ohne Beine“ sind wichtige Helfer im Garten, stehen doch Nacktschnecken ganz oben auf ihrem Speisezettel. Blindschleichen suchen im Garten einen schattigen, feuchten und geschützten Unterschlupf. Was liegt da näher, als sich den Kompost als Unterschlupf auszuwählen und hier auch die acht bis zwölf lebend geborenen Jungen zur Welt zu bringen?

Igel
(*Erinaceus europaeus*)
Eine Igelfamilie im Garten ist eine Auszeichnung für jeden Gärtner, zieht es doch diese Tiere nur in jene Gärten, die ihnen Nahrung und behagliche Verstecke bieten. Die possierlichen Tiere verzehren die im Garten ungeliebten Schnecken, Larven und Würmer. In geringen Mengen verspeisen sie auch auf dem Boden liegendes Obst, junge Mäuse und Frösche. Als Unterschlupf benötigen Igel ein Gebüsch, bei dem das Laub im Herbst liegen bleibt. Sie können aber auch mit einem Reisighaufen oder ähnlichem zum Bleiben animiert werden.

überdauert. Zu starken Infektionen kommt es bei Fruchtfolgefehlern, wenn also mehrfach Zwiebelgewächse hintereinander angebaut werden, oder bei extrem feucht-warmem Wetter.
Vorbeugend sollten die Pflanzen durch eine Kompost- und Jauchegabe in ihrer Entwicklung gestärkt werden. Inzwischen gibt es Lauch-Sorten, die widerstandsfähiger gegen die Purpurfleckenkrankheit sind.

Schadbild der Lauchmotte

Lauchmotte (*Ascrolepia assectella*)
Die von der Lauchmotte befallenen Pflanzen erkennt man an den Fraßgängen, die die Larven meist auf den inneren Blättern hinterlassen. Die Lauchmotte hat sich auf die Lauchpflanzen und in Ausnahmefällen auch auf die Zwiebeln spezialisiert.
Die Lauchmotte oder deren Puppe überwintert in Borkenritzen und anderen Verstecken im Garten. Ende April/Anfang Mai fliegen die Falter und legen ihre etwa 100 cremefarbigen, 0,5 mm großen Eier meist nachts an die Blätter oder Wurzelhälse der Lauchpflanzen. Nach sechs bis zehn Tagen schlüpfen die jungen Larven. Sie zerstören die Außenhaut der Blätter und fressen längsgerichtete Gänge zwischen die Blattunter- und Blattoberseite. Im Juni/Juli verpuppen sich die Larven in einem netzartigen Kokon an der Lauchpflanze. Im Juli/August fliegt die zweite Faltergeneration.
Die Larven der ersten Generation sollte man Anfang Mai, bevor sie sich in die Blätter eingefressen haben, absuchen und zerdrücken. Im Juli sollten Sie nur gesunde Pflanzen verpflanzen, befallene Pflanzen müssen Sie vernichten. Für eine deutliche Befallsminderung sorgt die Mischkultur auf diesem Beet. Sollte dennoch die Lauchmotte in Ihrem Garten zu einem ernsthaften Problem werden, sollten von Mitte April bis Ende Mai und von Juli bis Ende August feinmaschige Gemüsenetze über die Kulturen legen.

Kartoffelkrankheiten

Kraut- und Knollenfäule (*Phytophthora infestans*)
Die Kraut- und Knollenfäule ist die am meisten gefürchtete Krankheit bei den Nachtschattengewächsen Kartoffel und Tomate. Die bis Ende Juni gut gewachsenen Kartoffeln zeigen plötzlich gelbliche bis braune Flecken an den Blatträndern der untersten Blätter. Bei feuchtwarmer Witterung vergrößern sie sich rasch und breiten sich schnell über die ganze Pflanze aus. Am Übergangsbereich zwischen den noch nicht befallenen Blättern und dem befallenen Gewebe ist bei feuchter Witterung auf der Blattunterseite ein weißlich-grauer Schimmelrasen zu sehen. Die befallenen Blätter und Stängel sterben ab. Übrig bleiben nur bräunliche Stängel, wobei vom Erstbefall bis zum Absterben der Pflanzen je nach Witterung wenige Tage bis mehrere Wochen vergehen können. Durch das Niederschlagswasser gelangen die Pilzsporen auf den

Boden und infizieren leider auch die Kartoffelknollen. Bei der Ernte sind auf den Knollen nur leicht eingesunkene graue Flecken zu erkennen, das Gewebe unter den Flecken ist rotbraun verfärbt. Im Lager faulen die Kartoffeln schnell und stinken erbärmlich.

Lange Zeit ist man davon ausgegangen, dass der Pilz nur an den Knollen überwintert. Inzwischen weiß man, dass die Sporen des Pilzes auch im Boden überwintern können. Im Frühjahr keimen diese Dauersporen und bilden eine große Anzahl von sehr infektiösen Pilzsporen. Darüber hinaus wird der Pilz mit dem Pflanzgut eingetragen oder von den Knollen übertragen, die bei der Ernte übersehen wurden. Die Sporen breiten sich durch Luftbewegung aus, wobei die Infektion nur erfolgen kann, wenn es mehrere Stunden feucht ist. Das Temperaturoptimum liegt bei 18–23 °C.

Die Kraut- und Knollenfäule bereitet insbesondere in niederschlagsreichen Sommern viel Probleme. Darüber hinaus sind windgeschützte Beete und auch leicht schattige Lagen besonders gefährdet, da hier das Kraut nicht so schnell abtrocknet. Um die Kraut- und Knollenfäule einzudämmen, sollten Sie diese Standorte meiden. Darüber hinaus müssen einwandfreie Saatkartoffeln verwendet werden. Inzwischen gibt es widerstandsfähigere Sorten gegen diesen Pilz, beispiesweise 'Agria', 'Granola' oder 'Nicola'.

Da der Erstbefall an Kraut- und Knollenfäule meist nicht vor Anfang Juli auftritt, sind Frühkartoffeln weniger gefährdet. Für Frühkartoffeln, aber auch für mittel- und späte Sorten sollten Sie also die Vegetationszeit bis zum Befallsdruck Anfang Juli nutzen. Wirkungsvoll ist das Vorkeimen der Kartoffeln, da diese Kartoffeln einen Vegetationsvorsprung von ein bis zwei Wochen haben.

Zur Vorbeugung können Sie die Pflanzen mit Blatt stärkenden Mitteln, zum Beispiel Brennnessel-Brühe, Algenpräparaten und Steinmehl behandeln. Bewährt hat sich eine vorbeugende Behandlung des Bodens mit Schachtelhalmbrühe oder Knoblauch-Zwiebelschalen-Tee. Im biologischen Anbau sind Kupferpräparate als Pflanzenbehandlungsmittel zugelassen. Da Kupfer sich im Boden anreichert und nachweislich das Bodenleben schädigt, sollten Sie im Hausgarten von diesen Mitteln Abstand nehmen.

Kartoffelschorf (*Streptomyces scabies*)

Der Kartoffelschorf wird durch ein im Boden weit verbreitetes Bakterium verursacht. Da diese Bakterien leichten und kalkhaltigen Boden lieben, ist ein starker Befall mit Kartoffelschorf ein Anzeichen für einen zu hohen Kalkgehalt im Boden. Setzen Sie also zukünftig beim Düngen keinen Kalk ein und geben Sie auch dem Kompost keine kalkhaltigen Substanzen (Holzasche) bei. Der Schorfbefall auf den Kartoffeln ist in der Regel harmlos. Der Schorf sitzt oberflächlich auf der Schale und die Kartoffeln sind normal lagerfähig und essbar.

Kartoffelkäfer (*Leptinotarsa decemlineata*)

Der Kartoffelkäfer ist heute nicht mehr so gefürchtet wie in der Kriegs- und Nachkriegszeit, als ganze Schulklassen Kartoffelkäfer aus den Feldern absammelten.

Die sehr hübschen, schwarz gelb gestreiften, etwa 1cm großen Kartoffelkäfer und seine rötlich gelben Larven fressen die Kartoffelblätter von den Rändern nach innen ab. Zurück bleiben im schlimmsten Fall nur noch die stärkeren Blattrippen und die Stängel. Der Pflanze fehlt die Assimilationsfläche, so dass die weitere Entwicklung und der Knollenansatz in Mitleidenschaft gezogen wird.
Die Käfer überwintern im Boden. Im Mai kommen sie aus ihrem Winterquartier heraus und beginnen an den gerade aufgegangenen Kartoffelblättern mit ihrem etwa zehn Tage dauernden Reifungsfraß. Anschließend beginnen die Weibchen mit der Eiablage. Sie legen die Eier über einen Zeitraum von bis zu zwei Monaten in Gruppen von 10 bis 30 Stück an die Blattunterseite ab. Diese länglich-ovalen, orange bis gelb gefärbten Eier sind gut zu erkennen, aber auch leicht mit den runderen Maikäferlarven zu verwechseln. Nach etwa einer Woche schlüpfen die Larven, die sofort mit dem Fressen beginnen. Die Larven häuten sich dreimal und nach 20 bis 25 Tagen beginnen sie mit der Verpuppung. Als orangerote Puppe ruhen sie etwa zwei Wochen lang einige Zentimeter tief im Boden. Anfang Juli schlüpfen die Jungkäfer und beginnen erneut mit ihrer Fraßtätigkeit auf den Kartoffelblättern.
Da der Kartoffelkäfer heute keine große Plage mehr bedeutet und Käfer, Larve und Eier gut zu erkennen sind, sollten Sie die erste Generation im Mai, die meist mit der Löwenzahnblüte einher geht, absammeln. Bei starkem Befall können Sie gegen die Larven mit Gesteinsmehl vorgehen. Nur in absoluten Notfällen sollte man Pyrethrum-Präparate einsetzen.

Kartoffelkäfer

Drahtwurm

Drahtwurm, Saatschnellkäfer (*Agriotes lineatus*)

Die Drahtwürmer ernähren sich normalerweise von abgestorbenem Pflanzenmaterialien. Im Frühsommer bohren sie sich aber auch gern Kanäle in die jungen Kartoffeln, Schwarzwurzeln und Rote Bete. Die Drahtwürmer sind die Larven verschiedener Schnellkäfer-Arten, wobei der Saatschnellkäfer der bedeutendste Schädling ist.
Die Entwicklung des Saatschnellkäfers dauert insgesamt drei bis fünf Jahre. Die 7 bis 10 mm langen und 3 mm breiten, braunen Käfer sind ab Mai bis zum Juli aktiv. Nach einem Reifefraß legen die Weibchen bis zu 200 Eier 1 bis 2 cm tief in den Boden. Sie suchen dazu bevorzugt humosen, bewachsenen Boden auf. Nach etwa sechs Wochen schlüpfen 3 mm lange, weißliche Larven. Die-

se Larven wachsen in den ersten Jahren sehr langsam, erst nach vier Jahren sind sie ausgewachsen etwa 2,5 bis 3 cm lang und besitzen die typische gelbbraune, glänzende Farbe. Nach etwa sechs Jahren verpuppen sich die Larven in 30 cm Bodentiefe.
Die Drahtwürmer treten vorzugsweise in neu bestellten Beeten auf frisch umbrochenen Rasenflächen auf. Auf diesen Beeten sollten Sie in den ersten zwei Anbaujahren keine empfindlichen Kulturen anbauen.

Befall mit Schwarzer Bohnenlaus an der Puffbohne.

Puffbohnenkrankheiten

Schwarze Bohnenblattlaus (*Aphis fabae*)

Die Puffbohnen sind die „Lieblingspflanze" der Schwarzen Bohnenläuse, wobei sie sich aber auch auf Buschbohnen (siehe Seite 129 f.) niederlassen können. Sie besiedeln krustenartig die Triebspitzen der Pflanzen und stören durch ihre Saugtätigkeit die Pflanzenentwicklung. Darüber hinaus können die Läuse gefährliche Viruskrankheiten übertragen und Ameisen anlocken.
Die Schwarze Bohnenblattlaus ist wirtswechselnd und bildet in günstigen Jahren durch die Lebendgeburt der Läuse bis zu zehn Generationen. Die Eier der Läuse überwintern am Pfaffenhütchen (*Euonymus europaeus*), Gemeinem Schneeball (*Viburnum opulus*) und am Falschen Jasmin (*Philadelphus*-Arten). Auf diesen Pflanzen entwickeln sich ab März drei bis vier Generationen, bis sich im Mai/Juni die erste fliegende Generation bildet. Diese geflügelten Tiere siedeln jetzt auf den Bohnen als Sommerwirte. Nach wiederum sechs bis sieben Generationen entwickelt sich Ende September wieder eine geflügelte Generation Weibchen und Männchen, die zum Pfaffenhütchen zurückkehren. Dort legen die Weibchen Eier ab, die hier überwintern.
Da die Läuse bevorzugt kleine, zurückgebliebene Pflanzen aufsuchen, sollten Sie Ihren Puffbohnen einen guten Entwicklungsvorsprung geben und sie – wie hier im Beispiel vorgestellt – schon im Februar/März legen. Wenn die Bohnen Mitte Juni schon eine stattliche Größe erreicht haben und sich die ersten Schoten gebildet haben, kann die Schwarze Bohnenblattlaus keinen Schaden mehr anrichten.
Die natürlichen Feinde der Schwarzen Bohnenblattlaus sind alle Läuse fressenden Insekten wie Maikäfer, Schwebfliegen und Florfliegen. Sie sollten diese Tiere möglichst sammeln und auf die befallenen Triebspitzen setzen. Abwehrende Eigenschaften werden dem Bohnenkraut (*Satureja*) nachgesagt. Die Kapuzinerkresse (*Tropaeolum*) hat sich als „Lockpflanze" bewährt und malt zudem zwischen den Bohnen nette gelbe, orange oder rote Farbtupfer.

Krankheiten und Schädlinge der Pflanzen des Wurzelbeetes

Möhrenkrankheiten

Möhrenfliege (*Psila rosae*)
Die Möhrenfliege setzt den Möhren im Gemüsegarten am meisten zu. An jungen Möhrenpflanzen verfärbt sich das Laub rötlich und die Pflanzen welken an sonnigen Tagen. Zunächst erholen sie sich nachts wieder, nach einigen Tagen lässt die Regenerationsfähigkeit nach und die Pflanzen sterben ab. An den jungen Wurzeln findet man eine 4 bis 6 mm lange Made, die die Wurzeln zerfressen hat. Gravierender als an den Jungpflanzen ist die Schädigung an den ausgewachsenen Möhren im Herbst. Hier findet man außen auf den Möhren im unteren Bereich des Wurzelkörpers rostbraune, mit Kot gefüllte offene Fraßgänge.
Die Möhrenfliege überwintert als Puppe etwa 30 cm tief im Boden. Ende April oder Anfang Mai schlüpfen die ersten Fliegen. Sie leben etwa zwei bis drei Wochen und legen in dieser Zeit ihre 0,6 mm großen Eier in Erdspalten in Möhrennähe. Je nach Temperatur und Feuchtigkeit schlüpfen nach vier bis acht Tagen die Maden, die zunächst an und später in den Wurzeln fressen. Vier bis sieben Wochen später verpuppen sich die Maden im Boden. Nach einer Puppenruhe von 23 Tagen bei etwa 20 °C und 35 Tagen bei 15 °C schlüpft die zweite Generation der Fliegen. Diese legt wieder ihre Eier in Nähe der Möhrenpflanzen in die Erde. Bei trockenem Wetter stirbt zwar ein Teil der Eier und der daraus geschlüpften Maden ab, bevor sie tiefere Bodenschichten und den Möhrenkörper erreichen, insgesamt können sie aber bei Wintermöhren größeren Schaden anrichten. Die Maden dieser zweiten Generation verpuppen sich in den Möhren und fressen zum Teil im Winterlager weiter.
Die Mischkultur mit Zwiebeln und die Vorkultur mit Lauch mindert den Befall durch die Möhrenfliege. Zur weiteren Abwehr der Möhrenfliege können Sie mit stark riechenden Kräutern, zum Beispiel Rainfarn im Sommer oder Gemüsestreumitteln mulchen oder Sie überbrausen die Aussaat mit Zwiebelbrühe oder Knoblauchtee. Verwenden Sie keinen frischen Dünger wie frischen Mist oder nicht ausgereiften Kompost, da dieser die Möhrenfliege anzieht. Darüber hinaus sollte man unbedingt eine vierjährige Fruchtfolge einhalten, da die Puppen im Boden überwintern. Bei einem immer wiederkehrendem Befall sollten Sie Ihr Wurzelbeet durch feinmaschige Gemüsenetze zur Hauptflugzeit der Möhrenfliege abdecken, um so die Möhrenfliege an der Eierablage zu hindern.

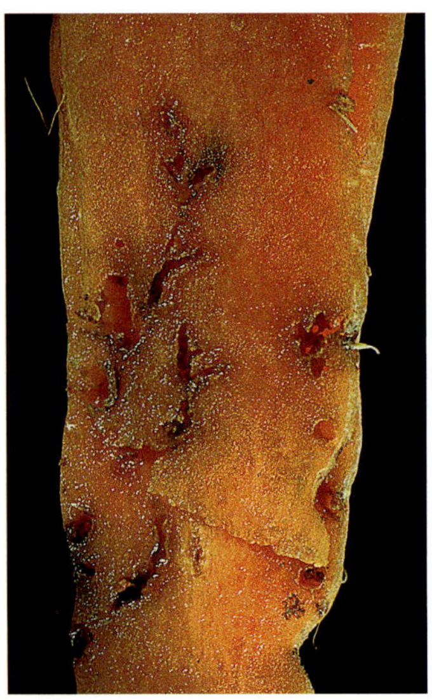

Fraßschäden durch die Möhrenfliege.

Möhrenminierfliege (*Agromyza carotae*)
Sie erkennen den Befall mit der Möhrenminierfliege daran, dass die Möhren an den Blattunterseiten millimetergroße, rundliche, dunkelgrüne bis hellgraue Einstiche und Miniergänge in den

Blattstielen und im oberen Wurzelbereich dicht unter der Oberfläche aufweisen.

Die Möhrenminierfliege überwintert als Puppe und ab Anfang Mai bis Anfang Juni beginnt die 2 bis 2,5 mm große Fliege mit der Eiablage an die Blattunterseite der Möhren. Die nach etwa fünf Tagen schlüpfenden Larven fressen Miniergänge in die Blätter und später auch in den oberen Möhrenkörper. Am Ende des Ganges verpuppen sich die Larven und Anfang bis Mitte August fliegt die zweite Generation. Diese fügt den Möhren aber keinen großen Schaden mehr zu, da die aus den Eiern schlüpfenden Larven nur im Möhrenkraut fressen oder auch zu anderen Pflanzen überwechseln, zum Beispiel Wiesenkerbel, Glockenblume oder Kamille.

Um einen größeren Schaden durch die Möhrenminierfliege zu verhindern, sollten Sie die Möhren gut anhäufeln, was auch gleichzeitig vergrünende Möhrenköpfe verhindert. Darüber hinaus bewähren sich zur Abwehr der Möhrenminierfliege die gleichen Maßnahmen wie gegen die Möhrenfliege.

TIPP

Robuste Möhren-Sorten:

Neben den mechanischen Maßnahmen können Sie sogar auch robuste Sorten wählen, die widerstandsfähig gegen die Möhrenfliege sind: 'Flyaway' (20 cm lange Möhre), 'Ingot' (intensiv goldrot gefärbt).

Weichfäule (*Erwinia carotovora*)

Die Weichfäule ist eine typische Lagerkrankheit der Möhren. Das kranke Möhrengewebe färbt sich zuerst braun, später zerfällt es zu einem faulenden Brei.

Ursache dieser Krankheit sind Bakterien, die sich insbesondere in staunassen, schweren Lehmböden ausbreiten. Sie dringen über Verletzungen in den Möhrenkörper ein. Vorbeugend sollten Sie Ihre Möhren nicht auf schweren nassen Böden anbauen und Fruchtfolge und Mischkultur einhalten. Bei der Möhrenernte dürfen Sie die Möhren nicht beschädigen. Vorteilhaft ist es, wenn Sie die geernteten Möhren nach dem Roden noch von der Sonne leicht antrocknen lassen, bevor Sie sie ins Winterlager räumen.

Zwiebelkrankheiten

Zwiebelfliege (*Phorbia antiqua*)

Die Zwiebelfliege hat sich im Garten auf alle Zwiebelgewächse spezialisiert. Befallen werden in erster Linie Zwiebeln, aber auch Lauchpflanzen, Schnittlauch und Tulpen.

Die Zwiebelfliege überwintert in Form einer braunen, etwa 6 mm langen Tönnchenpuppe im Boden. Anfang Mai schlüpfen die Fliegen, die anschließend je nach Witterung einen ein- bis zweiwöchigen Reifefraß durchführen. Sie ernähren sich vom Pollen des Löwenzahns und Wiesenkerbels. Anschließend legen die Weibchen ihre hellen, ovalen Eier in Gelegen von vier bis neun Stück neben die Zwiebelpflanzen in die Erde. Nach drei bis acht Tagen schlüpfen die Larven. Sie bohren sich in die jungen Pflanzen und zerfressen das Herz, um anschließend die Nachbarpflanze aufzusuchen. Nach zwei bis drei Wochen Fraßtätigkeit verpuppen sich die Larven im Boden. Nach ein bis drei Wochen schlüpft im Juli/August die zweite Generation. Diese Larven bohren sich in den Zwiebelboden und zerfressen das Zwiebelinnere. Sie bringt die Zwiebeln zwar nicht mehr zum Absterben, aber lagerfähig und genießbar sind die Zwiebeln nicht mehr.

In unserem Mischkultur-Beispiel stehen die Zwiebeln zwischen den Möhren. Diese wehren durch ihren Geruch die Zwiebelfliege ab. Die junge Aussaat können Sie mit

Luftig getrocknete Zwiebeln lassen sich lange lagern.

stark riechendem Kräutertee aus Rainfarn, spätere Kulturen mit einem Auszug aus Möhrenblättern überbrausen. Ähnlich wirken auch die im Handel erhältlichen Gemüsestreumittel. Sollte es bei Ihnen zu einem größeren Schaden durch Zwiebelfliegen kommen, empfiehlt es sich auch hier, im zeitigen Frühjahr Gemüsenetze über die Kulturen zu legen.

Zwiebelhalsfäule/Grauschimmel an Zwiebeln (*Botrytia allii*)
Die Zwiebeln werden im Lager von der Zwiebelhalsfäule befallen. Hierfür verantwortlich ist eine Grauschimmel-Art, die vom Zwiebelhals aus auf die gesamte Zwiebel übergreift. Das Zwiebelfleisch wird glasig und später ist auch zwischen den Zwiebelschuppen der für Grauschimmel typische graue Pilzrasen zu erkennen.
Der Grauschimmelpilz ist im Garten überall vorhanden, seine Sporen werden vom Wind über weite Entfernungen getragen. Der Pilz dringt über das absterbende Laub oder über Verletzungen während der Ernte in die Zwiebel ein. Die Stärke des Befalls hängt in erster Linie vom Witterungsverlauf während des Abreifens der Zwiebel und des Entwicklungsstadiums der Zwiebel während der Ernte ab.
Um der Zwiebelhalsfäule vorzubeugen, sollte man nur die Zwiebeln ernten, bei denen sich das Laub komplett zurückgezogen hat. Für die Zwiebelernte wählen Sie einen sonnigen Tag, damit die Zwiebeln gut abtrocknen können. Um sicher zu gehen, sollten Sie die Zwiebeln noch im Halbschatten gut nachtrocknen lassen.

Krankheiten und Schädlinge der Pflanzen des Bohnenbeetes

Kohlpflanzenkrankheiten

Kohlhernie (*Plasmodiophora brassicae*)
Von Kohlhernie befallene Kohlpflanzen kümmern und stocken im Wachstum. Die Wurzeln der Kohlpflanzen sind verdickt und von den Pilzwucherungen deformiert. Die Kohlhernie wird meist durch krankhafte Jungpflanzen in den Garten eingeschleppt und kann sich in Gärten mit einer engen Kohlfruchtfolge rasch ausbreiten. Sie ist bei intensivem Kohlanbau eine gefürchtete Kohlkrankheit, da die Pilzsporen langlebig sind und es keine Bekämpfungsmöglichkeiten gibt.
Die Kohlhernie wird durch einen Schleimpilz hervorgerufen, der ausschließlich von den Wurzelausscheidungen der Kreuzblütler angezogen wird und in die Wurzeln eindringt. Hier kommt es zu Wucherungen und knollenartigen Verdickungen. Da die Leitungsbahnen der Pflanzen geschädigt werden, ist die Wasser- und Nährstoffaufnahme gestört und die befallenen Pflanzen bleiben im Wuchs zurück. In den befallenen Wurzeln bilden sich Dauersporen, die beim Absterben der Pflanze im Boden sechs Jahre und länger überleben können. Die Entwicklung der Pilze wird durch hohe Temperaturen, hohe Bodenfeuchtigkeit und einen niedrigen pH-Wert begünstigt.

Schadbild der Kohlhernie.

Wenn Sie den Verdacht haben, mit Kohlhernie befallene Pflanzen in Ihrem Garten zu haben, wenden Sie sich bitte an einen Pflanzenschutz-Fachberater. Diese Krankheit ist im Hausgarten sehr selten und wird leicht mit den Wucherungen verwechselt, die der Kohlgallenrüssler (siehe unten) hervorruft. Handelt es sich bei Ihren erkrankten Kohlpflanzen tatsächlich um Kohlhernie, sollten Sie auf den Gemüsebeeten für mindestens sechs Jahre keine Kohlpflanzen anbauen und auch keine Kreuzblütler als Gründüngungspflanze verwenden. Darüber hinaus müssen Unkräuter aus der Familie der Kreuzblütler (z.B. Hirtentäschel) umgehend beseitigt werden. Die von der Kohlhernie befallenen Pflanzen gehören nicht auf Ihren Kompost, sondern in die Mülltonne.

Da die Kohlhernie nicht direkt zu bekämpfen ist, können Sie nur Vorsorgemaßnahmen treffen. Dazu gehören regelmäßige Kompostgaben und die Kontrolle des pH-Wertes. Nasse Böden sollten Sie lockern und gegebenenfalls eine Dränage vorsehen. Generell müssen Sie eine Kohlpflanzen-Fruchtfolge mit großzügigen Zeitabständen einhalten.

Da die hier vorgestellte Mischkultur wenige Kohlpflanzen einplant und auch bei der Gründüngung der Anteil an Kreuzblütlern gering ist, sollte die Kohlhernie in Ihrem Garten nicht auftreten.

Kohlgallenrüssler (*Ceutorhynchus pleurostigma*)

Vom Kohlgallenrüssler befallene Kohlpflanzen haben am Stängelgrund und an den Hauptwurzeln erbsengroße Gallen, die zu Geschwulsten zusammenwachsen können. Diese Gallen enthalten eine weiße, beinlose, bis zu 6 mm große Käferlarve mit braunem Kopf. Kurz vor ihrer Verpuppung für die Vollendung zum Käfer bahnt sie sich über ein Ausschlupfloch den Weg nach draußen.

Der Kohlgallenrüssler ist ein etwa 3 mm großer schwarzer Käfer mit den für Rüsselkäfer typischen langgezogenen Mundwerkzeugen. Er sucht sich die Kohlpflanzen als Wirtspflanzen für seine Larven aus. Von diesem Schädling gibt es eine Frühjahrs- und eine Herbstgeneration. Der Frühjahrsstamm legt seine Eier im Mai/Juni am Wurzelhals der Kohlpflanzen ab. Etwa eine Woche nach der Eiablage schlüpfen die Larven. Die Larven fressen sich durch die Kohlpflanze und regen mit ihren Ausscheidungen die Kohlpflanzen zur Gallenbildung an. Nach etwa einem Monat Fraßzeit verlassen die Larven die Gallen und verpuppen sich im Boden. Die Käfer der Frühjahrsgeneration schlüpfen noch im gleichen Jahr und überwintern als erwachsene Tiere. Der Sommerstamm legt seine Eier im August/September und die Larven überwintern an alten Kohlstrünken. Sie verpuppen sich erst im Frühjahr.

Eine direkte Bekämpfung des Kohlgallenrüsslers ist nicht möglich. Sollte es in Ihrem Garten schon einmal zu einem Befall durch den Kohlgallenrüssler gekommen sein, sollten Sie das Beet mit einem sehr feinmaschigen Netz oder Vlies abdecken. Diese Maßnahme hindert auch die Kleine Kohlfliege (siehe Seite 127) an der Eiablage. Da der Befall nur an Jungpflanzen zu deutlichen Ertragseinbußen führt, sollten Sie die Pflanzen auf einen Befall hin kontrollieren. Der Kohlgallenrüssler schädigt die ausgewachsenen Pflanzen nicht so stark, als dass sie in ihrer Entwicklung zurückblieben.

Kleine Kohlfliege (*Phorbia brassicae*)

Die Kohlfliege ist ein unangenehmer Schädling an allen Kohlgewächsen. Ab Mai welken die jungen Pflanzen und die Blätter verfärben sich graublau. Zieht man die befallene Pflanze aus dem Boden, so ist oft nur noch die Hauptwurzel zu erkennen, alle Seitenwurzeln sind vollständig abgefressen. In der Umgebung der Pflanzen und auch am Wurzelstrunk findet man 10 mm lange Fliegenlarven und braune Puppen. Bei Rettich, Radieschen und Kohlrüben dringen die Maden in den Wurzelkörper ein und machen sie dadurch unbrauchbar.

Die kleine Kohlfliege überwintert in tönnchenförmigen Puppen im Boden. Mitte April schlüpfen die ersten etwa 6 mm großen grauen Fliegen, die den Stubenfliegen sehr ähneln. Bald danach – meist zur Zwetschenblüte – beginnen die Weibchen mit der Eiablage an den Wurzelhälsen oder in benachbarten Bodenspalten. Nach dem Schlupf fressen die Larven an oder auch in den Wurzeln. Bei Blumenkohl, Rosenkohl, Brokkoli und Kohlrabi kann es auch zu einem oberirdischen Befall kommen. Die Larven fressen an den Röschen oder Knollen. Die kleine Kohlfliege durchlebt drei Larvenstadien. Die erwachsene Made verpuppt sich im Boden in einer Tiefe von 20 cm. Aus den 4 bis 5 mm großen, braunen Tönnchenpuppen schlüpfen die entwickelten Tiere im Sommer bereits nach zwei Wochen. Insgesamt kommt es zu drei Generationen pro Jahr, wobei die erste Generation im Frühjahr durch ihr massives Auftreten die gefährlichste ist.

Als wirksamen vorbeugenden Schutz vor der Kohlfliege haben sich feinmaschige Gemüsenetze oder Vlies bewährt. Bei Radieschen und Rettich müssen Sie den Schutz von der Saat bis zur Ernte auf der Kultur liegen lassen. Bei den im Frühjahr gesetzten Kohlpflanzen können Sie den Schutz nach vier bis sechs Wochen nach dem Pflanzen wieder entfernen. Die Pflanzen sind dann so kräftig, dass sie einen Kohlfliegenbefall verkraften. Das Gemüsenetz oder Vlies schützt nicht nur vor der Kleinen Kohlfliege, sondern mindert auch den Befall durch Blattläuse und Raupen. Wichtig ist nur, dass die Abdeckung ringsherum gut mit dem Boden abschließt und keine Lücken verbleiben. Zur Unkrautbekämpfung und zum Hacken müssen Sie das Netz abnehmen und anschließend wieder sorgfältig auflegen.

Das Gemüsenetz bietet Schutz vor Gemüsefliegen.

Ihre Kohlpflanzen sollten Sie möglichst tief pflanzen und anschließend anhäufeln. Darüber hinaus ist ein Schutz durch einen so genannten „Kohlkragen“ möglich. Sie müssen ihn sorgfältig um die Kohlpflanzen legen, damit keine Zwischenräume verbleiben, in die die Kohlfliege ihre Eier legen könnte. Die auf die runden Scheiben abgelegten Eier vertrocknen. Natürlich sollten Sie den

Kohlpflanzen keinen frischen Mist oder unverrotteten Kompost geben, da dieser die Fliegen anlockt. Die natürlichen Feinde der Kleinen Kohlfliege wie Laufkäfer, Gallwespen und Schlupfwespen sollten Sie durch einen falllaub- und blütenreichen Garten fördern (siehe auch Seite 116 f.).

Großer Kohlweißling (*Pieris brassicae*)

Kohlpflanzen, die vom Kohlweißling aufgesucht worden sind, erkennt man leicht an den Fraßschäden und an den blassgrünen, mit schwarzen Punkten überzogenen Raupen. Die Schäden durch den Kohlweißling waren in den letzen Jahren nicht mehr so gravierend wie noch vor einigen Jahren.

Der Große Kohlweißling gehört zu den tagaktiven Schmetterlingen, die schon im April den Garten aufsuchen. Er überwintert als Puppe außerhalb des Gartens an Mauern, Zäunen oder Bäumen. Die Weibchen beginnen bereits Ende April mit der Eiablage. Sie legen ihre Eiergelege über einen Zeitraum von drei Wochen an die Blattunterseiten der Kohlpflanzen außer an Grünkohl. Diese Eiergelege bestehen aus bis zu 60 Einzeleiern und sind anfangs grünlich und dann gelb gefärbt. Nach etwa zehn Tagen schlüpfen die Larven. Diese durchleben fünf Larvenstadien und fressen während der nächsten vier Wochen an den Kohlpflanzenblättern. Anschließend verpuppen sich die Raupen und nach drei Wochen schlüpfen von Juli bis September die Falter der zweiten Generation. Diese Raupen richten den meisten Schaden an und fressen meist einige Pflanzen kahl. Die wichtigsten natürlichen Feinde sind die Schlupfwespen, die ihre Eier in die Raupe ablegen.

Anfang Mai und dann wieder ab Anfang August sollten Sie die Blattunterseiten der Kohlblätter regelmäßig untersuchen und die Eigelege sowie die Raupen zerdrücken beziehungsweise absammeln. Die Larven des Großen Kohlweißlings sind sehr empfindlich gegenüber dem Krankheitserreger *Bacillus thuringiensis*, der im Handel als Spritzmittelpräparat erhältlich ist. Nach Anwendung dieses biologischen Präparates sollten möglichst einige Tage keine Niederschläge fallen und die Temperatur sollte im Durchschnitt über 15 °C liegen, damit das Spritzmittel nicht abgewaschen werden kann, bevor die Raupen es gefressen haben. Erst im Darm der Raupen entfaltet sich dessen tödliche Wirkung.

Kohlmottenschildlaus/Weiße Fliege (*Aleurodes proletella*)

Bei einem warmen Spätsommer können beim Berühren von Grünkohl-, Rosenkohl- und Wirsingkohlblättern Scharen von winzigen weißen Insekten davonfliegen. Diese Kohlpflanzen, aber auch Erdbeerpflanzen und im Gewächshaus Gurken und Tomaten (hier *Trialeurodes vaporariorum*) werden gerne von der Kohlmottenschildlaus aufgesucht, die auch Weiße Fliege genannt wird. Der Name für dieses 1,5 mm kleine Insekt stammt von seinen mit weißem Wachs überzogenen Flügeln. Bei starkem Befall mit Weißer Fliege werden die Pflanzen durch die Saugtätigkeit der Larven geschwächt und durch deren Ausscheidungen mit Wachs und Honigtau verunreinigt. Darauf siedeln sich gern Rußtaupilze an. Die Weibchen überwintern normalerweise auf ihren Wirtspflanzen. Sobald die Temperatur auf über 10 °C ansteigt, beginnen die Weibchen mit der Eiablage. Sie legen etwa 50 bis 100 Eier halbkreisförmig auf der Blattunterseite ab. Nach einigen Tagen schlüpfen aus diesen länglich-ovalen, gelb- oder grünlichweißen Eiern kleine schildlausähnliche Larven. Diese Larven suchen sich eine geeignete Saugstelle, von der sie sich nicht mehr fortbewegen. Sie durchlaufen drei Larvenstadien und scheiden Wachs aus. Danach verpuppen sie sich. Zu einer Massenvermehrung kommt es insbesondere bei trockener Spätsommer- und Herbstwitterung.

Um die Weiße Fliege einzudämmen, sollten Sie Überwinterungspflanzen wie Grünkohl und Rosenkohl nach der Ernte im Spätwinter entfernen. Wenn diese Wirtspflanzen fehlen, weicht die Weiße Fliege leider auch auf andere immergrüne Pflanzen wie Erdbeeren aus. Zur Befallsminderung können Sie die befallenen Pflanzen wiederholt mit Rainfarn-Tee oder auch Schmierseifenwasser bespritzen. Wichtig ist, dass Sie damit die Blattunterseite erreichen.

Die Kohlmottenschildlaus schädigt die Kohlpflanzen nicht direkt, unangenehm ist nur die mit ihnen einhergehende Verschmutzung. Befallenen Grünkohl können Sie zwar essen, Sie sollten ihn aber zuvor gründlich reinigen.

Stangen- und Buschbohnenkrankheiten

Bohnensaatenfliege, Wurzelfliege (*Phorbia* spec.)

Die Bohnensaat wird gern von den Maden verschiedener Fliegenarten geschädigt, die auch andere Kulturpflanzen aufsuchen. Der kleine Bohnenkeim kommt dann mit braunen, durchlöcherten Keimblättern oder auch nur mit einem Keimblatt aus der Erde und ist nicht überlebensfähig.

Die 4 bis 5 mm große, einer Stubenfliege ähnelnde Wurzelfliege legt ihre 30 bis 90 Eier an die Bohnen-Samen in der Erde ab. Nach zwei bis elf Tagen schlüpfen die 4 bis 5 mm langen, weißen Maden, die dann an den Bohnen-Samen oder an den gerade sich entwickelnden Keimlingen fressen. Nach neun bis dreizehn Tagen verpuppt sich die Made und nach weiteren zwei Wochen schlüpfen die Fliegen der zweiten Generation. Insgesamt bilden sich zwei bis vier Generationen jährlich, wobei die erste die meisten Schäden verursacht.

Die Wurzelfliege können Sie durch vorbeugende Maßnahmen in Schach halten. Die Bohnen-Samen sollten Sie nicht in kalte nasse Erde legen, sondern darauf achten, dass gute Bedingungen, also feuchte und warme Erde, für eine zügige Entwicklung vorhanden sind. Dann überstehen die meisten Pflanzen durch rasches kräftiges Wachstum die Schädigung. Zur Beschleunigung des Keimens können Sie die Bohnen-Samen eine Stunde vor dem Aussäen zum Vorquellen in Wasser – besser noch in stärkende Brennnessel-Brühe – legen. Bei einem regelmäßig vorkommenden Befall durch die Wurzelfliege sollten Sie Gemüsenetze über die Aussaat legen.

Bohnen-Brennfleckenkrankheit (*Colletotrichum lindemuthianum*)

Auf den Bohnenhülsen der Buschbohnen entwickeln sich dunkelbraune Flecken mit rötlichem Saum, die etwas in das Gewebe eingesunken sind. Diese Flecken werden

durch einen Pilz hervorgerufen. Bei kühlem und feuchtem Wetter breitet sich der Pilz stark aus, trockenes Wetter stoppt die Entwicklung. Die Brennfleckenkrankheit beginnt auf den Stängeln, Blättern und auf den Bohnenhülsen. Im späten Stadium dringen sie bis zu den Samen vor und infizieren diese. Auch die Samen zeigen dann dunkle Flecken und werden als Saatgut zum Überträger der Krankheit.
Als wichtigste vorbeugende Maßnahme gegen diesen Pilz sollten Sie auf gesundes Saatgut achten. Darüber hinaus gibt es inzwischen Buschbohnen-Sorten, die resistent gegen die Brennfleckenkrankheit sind. Bei feuchtem Wetter sollte Sie nicht auf befallenen Bohnenbeeten arbeiten, da sich die Pilzsporen über Wassertropfen verbreiten.

TIPP

Krankheitsresistente Buschbohnen-Sorten:

'Dubletta' (Universalsorte),
'Flevoro' (Filetbohne),
'Montano' (ertragreich),
'Sixta' (mittefrüh),
'Valdo' (goldgelbe Wachsbohne).

Bohnen-Mosaikvirus (Potyvirus)

Die Bohnenblätter zeigen zunächst Aufhellungen, später entwickelt sich ein hell- bis dunkelgrünes Mosaik. Die dunkelgrünen Blattpartien sind blasig aufgewölbt. Bei einer Infektion vor der Blüte entwickeln sich nur kürzere, meist gekrümmte Bohnen. Das Bohnenmosaik wird durch Viren hervorgerufen. Das Krankheitsbild hängt von dem Virusstamm und auch von dem Infektionszeitpunkt und dem Witterungsverlauf ab. Die Viren werden hauptsächlich durch Blattläuse übertragen, eine Verbreitung durch infiziertes Saatgut ist aber auch möglich. Vorbeugend sollten Sie auf die im Handel angebotenen widerstandsfähigen Sorten zurückgreifen und rechtzeitige Maßnahmen gegen Blattläuse einleiten.

Krankheiten und Schädlinge der Pflanzen des „Indianerbeetes“

Rettich- und Radieschenkrankheiten

Erdfloh (*Phyllotreta*-Arten)

Im Frühjahr werden die gerade gekeimten Rettiche und Radieschen von Erdflöhen befallen. Schon die Keimblätter zeigen dann den typischen Loch- und Fensterfraß. Insbesondere bei trockenem Wetter kann der Schaden so beträchtlich sein, dass er die ganze Aussaat vernichtet.
Auf den Pflanzen sitzen dann kleine 1,5 bis 3 mm große, schwarze oder gelb gestreifte Käfer, die bei Berührung wegspringen. Es gibt fünf verschiedene Erdfloh-Arten, die sich durch ihre Farbgebung unterscheiden. Gemeinsam ist allen Erdflöhen, dass sie ein hohes Springvermögen haben und nur Kreuzblütler befallen. Die Käfer überwintern an geschützten Stellen im Boden und befallen die Kulturen bereits im zeitigen Frühjahr. Im Mai legen die Käfer ihre Eier in den Boden. Die Larven schlüpfen nach zehn Tagen und fressen von den Blättern und Wurzeln der Kreuzblütler. Sie sind nach sechs bis zehn Tagen ausgewachsen und verpuppen sich im Boden in einem Erdkokon. Diese Jungkäfer der zweiten Generation schlüpfen

nach etwa zwei Wochen und fressen gemeinsam mit den überwinterten Käfern an den Wirtspflanzen. Hier richten sie Mitte Juni aber keinen größeren Schaden mehr an. Trockene und warme Witterung fördert die Entwicklung der Käfer. Um die Schäden durch die Erdflöhe in Grenzen zu halten, müssen Sie auf diesem Beet für eine zügige Pflanzenentwicklung sorgen. Da die Erdflöhe Salate meiden, ist auch die Mischkultur mit Salat ein erprobtes Mittel gegen den Erdfloh. Darüber hinaus sollten Sie das Beet regelmäßig hacken und die Kulturen regelmäßig gießen, da die Erdflöhe feuchten und frisch gehackten Boden meiden.

Schadbild des Erdflohs.

Sollte der Befall trotz dieser Maßnahmen überhand nehmen, können Sie die taunassen Pflanzen mit Algenkalk oder Gesteinsmehl bestäuben. Zur Befallsminderung können Sie die Pflanzen mit einer starken Wermut- oder Rainfarnbrühe zweimal pro Woche überbrausen. Bei einem sehr starken Befall sollten Sie am besten nachsäen.

Gurkenkrankheiten

Echter Mehltau (*Erysiphe cichoracearum, Sphaerotheca fuliginea*)

An warmen, trockenen Sommertagen entdeckt man auf seinen bisher gesunden Gurkenpflanzen einen mehlartigen, grauen Belag auf der Blattoberseite. Hierbei handelt es sich um einen der Echten Mehltaupilze.

Die beiden Echten Mehltaupilze keimen bei warmem, trockenem Wetter und infizieren die Oberseite der Gurkenblätter. Hier zeigen sich anfangs nur runde weiße Flecken, die sich vor allem bei sonniger, warmer Witterung mit nächtlicher Taubildung weiter ausbreiten und rasch zusammenfließen. Dann ist die gesamte Blattoberseite von einem dichten, filzigen Mehltaubelag überzogen. Im fortgeschrittenen Stadium färben sich die kranken Blätter braun und sterben schließlich ganz ab. Wie die Pilze überwintert, ist bisher nicht endgültig geklärt.

Da die Pilze trockenes, warmes Wetter bevorzugen, kann man deren Entwicklung durch regelmäßiges Befeuchten der Blätter hemmen oder soweit verzögern, dass die Ernte beendet werden kann. Zusätzlich sollte man auf resistente Sorten zurückgreifen.

Falscher Mehltau (*Pseudoperonospora cubensis*)

Auf der Blattoberseiten der Gurkenblätter, aber auch auf den Kürbis- und Zucchiniblättern zeigen sich kräftige gelbe Flecken, die von den Blattadern begrenzt werden. Die Blattunterseite ist hellbraun. Mit zunehmender Fleckenzahl stirbt das Blatt

TIPP

Krankheitsresistente Gurken-Sorten

Gegen Echte und Falsche Mehltau-Pilze widerstandsfähige Gurken-Sorten sind beispielsweise: 'Bella' (Schlangengurke), 'Cubella' (reichtragende Einlegegurke) 'Hayat' (Minisalatgurke), 'Hok' (Einlegegurke), 'Paska' (Schlangengurke).

Vom Mosaikvirus geschädigte Gurken.

meist vom Rand her ab. Falscher Mehltau verbreitet sich bei feuchter Witterung und in Tau bildenden Nächten. Er tritt meist nicht vor Mitte Juli auf. Die Sporen des Pilzes werden durch den Wind über weite Strecken verbreitet. Da der Falsche Mehltau erst seit einigen Jahren regelmäßig auftritt und sein Ursprung bisher nicht endgültig geklärt ist, gibt es noch nicht viele Erfahrungen mit vorbeugenden Maßnahmen. Am sinnvollsten ist es, auf Saatgut mit einer hohen Toleranz gegen den Falschen Mehltau zurückzugreifen.

Gurkenmosaikvirus

An Freilandgurken, aber auch an den „Gurkenverwandten" Zucchini, Melone und Kürbis zeigen sich zuerst an den jüngsten Blättern eine deutliche Mosaikscheckung und Verformungen der Blattspreite. Manchmal kommt es auch zu kreisförmigen, hellen Flecken auf den Blättern. Die Früchte können bei einer frühen Infektion warzenartige Missbildungen oder eine gelbe Zeichnung aufweisen. Ursache für diese Krankheit ist ein Virus, der von Blattläusen übertragen wird. Dabei reicht eine sehr kurze Saugtätigkeit der Blattläuse für die Übertragung aus. Eine Infektion durch infiziertes Saatgut oder durch ungesäuberte Messer beim Schnitt der Gurken ist verhältnismäßig selten. Vorbeugend sollten Sie auf resistentes Saatgut zurückgreifen und rechtzeitig Maßnamen gegen Blattläuse ergreifen.

Salatkrankheiten

Blattläuse (*Aphididae*)

Die Salatpflanzen werden leider gerne von verschiedenen Blattläusen (z.B. Grüne Pfirsichblattlaus, Große Johannisbeerblattlaus, Salatwurzellaus) aufgesucht. Die Saugtätigkeit der Blattläuse an den Salatpflanzen führt zum Krüppelwuchs. Darüber hinaus sind viele Blattläuse Virusüberträger.

Der Entwicklungszyklus der Blattläuse unterscheidet sich von dem anderer Insekten. Bei vielen Lausarten überwintern die Eier in Knospen, in Rindenritzen oder auch an mehrjährigen Kräutern. Aus dem Winterei schlüpft im Frühjahr die Stammmutter. Diese bringt bis zum Herbst lebende Junge zur Welt. Hierbei handelt es sich immer um Weibchen, die sich nach einer Entwicklungszeit von etwa einer Woche ohne eine Befruchtung weitervermehren. Auf diese Weise entsteht vom Frühjahr bis zum Herbst die „Rekordsumme" von 13 bis 16 Generationen! Wenn die Blattläuse ungünstige Entwicklungsbedingungen vorfinden, bringen sie geflügelte Tiere hervor. Diese verlassen die Kolonien und werden vom Wind über zum Teil große Distanzen getragen. Auf den von ihnen bevorzugten Wirtspflanzen gründen sie neue Kolonien. Im Herbst entwickeln sich dann Männchen und Weibchen. Nach erfolgter Befruchtung legen die Weibchen die für die Überwinterung bestimmten widerstandsfähigen Eier.

> **Gegen Salatblattlaus und Falschen Mehltau resistente Salat-Sorten**
>
> Eissalate: ‘Barcelona’, ‘Fortunas’ oder ‘Minas’,
> Kopfsalate: ‘Dynamite’ oder ‘Fiorella’,
> Krauser Salat: ‘Smile’
>
> TIPP

Im Hausgarten kann man eine gewisse Anzahl an Blattläusen im Salat tolerieren und sie vor dem Verzehr gut abwaschen. Im Erwerbsgemüsebau geht man bei der „Toleranzschwelle“ von zehn Läusen pro Salatkopf aus. Tendenziell werden rote Salatsorten deutlich weniger von Läusen aufgesucht als grüne.

Um den Blattläusen keine Entwicklungschancen zu geben, sollten Sie zum einen die natürlichen Feinde der Blattläuse (Marienkäfer, Florfliege, Schwebfliege, Schlupfwespe, Raubwanze, Ohrwurm) durch geeignete Unterschlupfmöglichkeiten fördern. Da die Blattläuse Schwächeparasiten sind, siedeln sie auf den Pflanzen, die unter Wachstumsstörungen leiden. Hier sollten Sie die Pflanzengesundheit durch den richtigen Standort, Bodenlockerung, Brennnessel-Jauche und Kompostgaben zu fördern. Denken Sie daran: Eine ausgewogen ernährte Pflanze verkraftet deutlich mehr Blattläuse als eine schwächliche Pflanze!

Bei beginnendem Blattlaus-Befall sollten Sie nach dem Motto „Wehret den Anfängen!“ verfahren und die ersten Läuse (möglichst die Stammmütter!) zerdrücken oder abspritzen. Wenn diese Maßnahmen erfolglos bleiben, können Spritzbrühen aus verschiedenen Pflanzen als Tee oder Jauche (Rainfarn-Tee, Farnkraut-Jauche, Rhabarberblätter-Tee, Wermut-Tee) hergestellt werden. Wirkungsvoll ist auch das Einstäuben der Läuse mit Steinmehl oder Algenkalk.

Härtere Maßnahmen gegen die Blattläuse sind Schmierseifen-Brühe, Quassia-Brühe oder Handelspräparate auf der Basis von Pyrethrum (Wirkstoff einer Chysanthemen-Art). Bei allen Mitteln sind aber auch Nützlinge gefährdet, deshalb sollten Sie diese Maßnahmen nicht unbedacht und nur bei hohem Befallsdruck anwenden. Greifen Sie lieber auf Salat-Sorten zurück, die zumindest gegen die Grüne Salatblattlaus recht widerstandsfähig sind.

Stangenbohnenkrankheiten

Hinweise zu den Bohnen-Krankheiten Bohnenmosaikvirus, Bohnensaatenfliege bzw. Wurzelfliege sowie Bohnen-Brennfleckenkrankheit finden Sie bei den Busch- bzw. Stangenbohnen des Bohnenbeetes (Seite 129 f.).

> **Krankheitsresistente Stangenbohnen-Sorten**
>
> Versuchen Sie es mit Bohnen-Sorten, die „immun“ gegen den Bohnenmosaikvirus sind: ‘Blauhilde’ (blauhülsig), ‘Eva’ (frühe Pflückreife), ‘Limka’ (über 20 cm lange Hülsen, dabei sehr zart) oder ‘Neckargold’ (tiefgelbe Hülsen).
>
> TIPP

Nicht erschrecken vor Schnecken!

Gefräßige Große Wegschnecke

Fisch gepflanzte Salat- und Kohlpflanzen sind ein willkommenes Mahl für die Schnecken im Garten. Insbesondere die 0,5 bis 1 cm kleinen Nacktschnecken sind gefräßig und sorgen für Enttäuschungen im Gemüsegarten. Tagsüber sind diese kleinen Tiere nicht zu sehen, nur Schleimspuren deuten auf ihre nächtlichen Aktivitäten hin. Mit einsetzender Dämmerung kommen sie aus den Bodenspalten und anderen vor der Sonne geschützten Verstecken. Die Schnecken bevorzugen junge Pflanzen; sie schädigen diese durch den typischen Lochfraß oder vernichten sie ganz.
Bei den Schnecken unterscheidet man zwischen Schnecken ohne Gehäuse (Nacktschnecken) und Schnecken mit Gehäuse, wobei die Nacktschnecken bedeutend mehr Schaden anrichten als die Gehäuseschnecken. Zu den Nacktschnecken gehören die Wegschnecken, die Egelschnecken und die Ackerschnecken.
Ein „Familienmitglied" der **Wegschnecken** ist die Große Wegschnecke (*Arion ater*). Sie ist 10 bis 15 cm lang und kann rötlich, grau oder schwarz gefärbt sein. Die Braune Wegschnecke (*Arion subfuscus*) erreicht 5 bis 7 cm Länge und ist meist braun gefärbt. Die Gartenwegschnecke (*Arion hortensis*) ist mit 2,5 bis 3 cm Länge die kleinste Wegschnecke und ist gelblich grau bis schwarz gefärbt. Die Spanische Wegschnecke (*Arion lusitanlicus*) und robust und vermehrt sich rasch.
Zu den **Egelschnecken** gehören Nacktschnecken mit ganz unterschiedlich großen Tieren, die verschiedenartig gefärbt und zum Teil ausgeprägt gezeichnet sind. Häufig anzutreffen sind die genetzte Ackerschnecke (*Deroceras reticulatum*), die graue Ackerschnecke (*Deroceras agreste*) und die Farnschnecke (*Deroceras laeve*).
Einige Vertreter der **Kielnacktschnecken** sind die Dunkle Kielnacktschnecke (*Milax gagates*), die Schwarze Kielnacktschnecke (*Milax nigricans*), die Gelbliche Kielnacktschnecke (*Milax sowerbii*) und die Boden-Kielnacktschnecke (*Milax budapestensis*).
Die Schnecken sind Zwitter, sie besitzen sowohl männliche als auch weibliche Geschlechtsorgane. Trotzdem kommt es bei Schnecken zur Paarung. Sie legen ihre Eier in Erdspalten oder auch gern in den Kompost. Die Eier überleben auch harte Winter. Die Schnecken selber können nur moderate Winter überleben. So ist nach milden Wintern im Frühjahr mit einer hohen Population und frühen Schäden im Garten zu rechnen. Schnecken lieben eine feuchte Umgebung. Daher sind feuchte Sommer und milde Winter günstige Rahmenbedingungen für eine Massenvermehrung.

Vorbeugende Maßnahmen

Einer hohen Schneckenpopulation im Garten wirken die natürlichen Feinde entgegen, die Sie deshalb in Ihren Garten locken sollten. Natürliche Feinde der Schnecken sind Igel, Maulwurf und Vögel. Bieten Sie zum Beispiel einer Igelfamilie in Ihrem Garten ein Zuhause, indem Sie in einer Ecke Strauchschnitt und Laub das ganze Jahr über liegen lassen. Die Schneckenpopulation in Ihrem Garten wird sich in Grenzen halten.
Wer einen größeren Garten besitzt und Spaß an der Tierhaltung hat, dem sei ein Paar der Indischen Laufente empfohlen. Diese aus Asien stammende Entenart erkennt man durch ihre

steil aufgerichtete Körperhaltung und einen langen, schlanken Körperbau. Die Farbe des Gefieders ist von Tier zu Tier unterschiedlich. Da die Laufenten bevorzugt Schnecken fressen, haben Halter dieser Enten im Garten keine Probleme mit Schnecken.

Die Schnecken haben unterschiedliche Vorlieben für die einzelnen Gemüsepflanzen. In „Schneckenjahren“ sollte man folgende Rangordnung beachten: Besonders beliebt sind grüne Salatpflanzen, während die rotblättrigen Salate gemieden werden. Gern gefressen werden die jungen Kohlpflanzen oder frisch gekeimte Möhren. Nicht gefressen werden dagegen zum Beispiel Dicke Bohnen.

Maßnahmen zur Schneckenabwehr

Bei Gärten, die auf Grund ihrer Lage und der sie umgebenden Vegetation geradezu ein „Schneckeneinzugsgebiet“ darstellen, sollten Sie den Garten mit einem **Schneckenzaun** einfassen. Der Schneckenzaun ist so konzipiert, dass die Schnecken eine nach außen abgewinkelte Kante nicht überwinden können. Schneckenzäune können Sie im Fachhandel erwerben oder mit etwas handwerklichem Geschick aus verzinktem Blech oder engmaschigem Draht selber bauen.

Eine andere, einfache Methode, der Schneckenplage Einhalt zu gebieten, besteht darin, **alte Bretter** auf die Gartenwege zu legen. Die Schnecken nehmen den geschützten Platz unter den Brettern tagsüber gerne als Rückzugsmöglichkeit zum Schutz gegen die Sonne. Die unter den Brettern liegenden Schnecken kann man dann im Frühjahr am besten täglich absammeln. Die zusammengetragenen Schnecken muss man entweder weit entfernt wieder aussetzen oder töten. Die Schnecken kann man mit kochendem Wasser überbrühen oder zertreten.

Eine altbekannte Methode Schnecken anzulocken sind **Bierfallen**. Hier macht man sich die Vorliebe der Schnecken für Bier zu Nutze. Dazu füllt man einen Becher zur Hälfte mit Bier und gräbt ihn dann ebenerdig ein. Die Schnecken werden vom Bier angezogen, fallen in den Becher und ertrinken. Der Fachhandel bietet inzwischen „Bierfallen mit kleinem Dach“ an. Insgesamt ist der Verbrauch an Bier nicht unerheblich und diese Methode nicht ganz billig. Die Bierfalle funktioniert nur bei regelmäßigem Absammeln der Behältnisse, da sonst die zuletzt hineinfallenden Schnecken wieder abwandern können.

Inzwischen gibt es **Schneckenkorn**, das im biologischen Anbau zugelassen ist. Es beinhaltet den Wirkstoff Eisen-III-Phosphat, den die Schnecken mit dem Korn aufnehmen. Der Wirkstoff führt zu Zellveränderungen im Kropf und in der Mitteldarmdrüse. Die Haut der Schnecken wird lederartig, und die Tiere verenden in ihren Unterschlüpfen. Dieses Präparat soll – im Gegensatz zu herkömmlichen Mitteln – auch die Igel nicht in Mitleidenschaft ziehen, wenn sie eine vergiftete Schnecke gefressen haben.

Indische Laufenten

Schneckenzaun

Krankheiten und Schädlinge der Pflanzen des Erdbeerbeetes

Erdbeerkrankheiten

Grauschimmel (*Botrytis* spec.)
Die von Grauschimmel befallenen Erdbeeren überzieht ein mausgrauer Schimmelrasen. Bereits infizierte Erdbeeren, auf denen sich der Schimmel äußerlich noch nicht zeigt, haben einen muffigen Geschmack.
Die Sporen des Grauschimmelpilzes sind überall verbreitet, wobei der Grauschimmel ein so genannter Schwächeparasit ist. Er tritt erst bei günstigen Bedingungen auf, also in besonders nassen Jahren und bei Erdbeerpflanzen, die keine optimalen Wachstumsbedingungen haben.
Daraus lassen sich vorbeugende Maßnahmen ableiten. Da man das Wetter nicht beeinflussen kann, sollten Sie die Erdbeerpflanzen rundherum mit Stroh, abgetrocknetem Grasschnitt oder ähnlichem mulchen, damit die Erdbeeren zumindest trocken liegen. Am wichtigsten: Sorgen Sie für günstige Wachstumsbedingungen für die Pflanzen. Erdbeerpflanzen sollten keinenfalls feucht und schattig und nicht zu eng stehen, damit sie schnell abtrocknen. Gefährdete Pflanzen können Sie mit einer Schachtelhalmbrühe übersprühen. Zwischen die Erdbeeren gesteckte Knoblauchzehen oder Zwiebeln wirken vorbeugend gegen Grauschimmel.

Gesunde Erdbeerpflanzen und -früchte auf Strohmulch.

Weißfleckenkrankheit (*Mycosphaerella fragariae*), Rotfleckenkrankheit (*Diplocarpon earliana*)

Die alten Erdbeerblätter sind mit kleinen, braun-violetten Flecken überzogen. Hierbei handelt es sich um die Weißflecken- oder die Rotfleckenkrankheit, die durch verschiedene Pilze verursacht werden. Die Weißfleckenkrankheit hat ihren Namen von dem weiß erscheinenden Fleck im Zentrum der braun-violetten Flecken. Dort stirbt das Blatt ab, so dass man einen weißen Fleck wahrnimmt. Beide Pilz-Arten überwintern auf den Blättern. Sie vermehren sich während der gesamten Vegetationszeit, wobei feuchtes Wetter die Entwicklung fördert. Der Pilz beeinträchtigt den Stoffwechsel der Pflanzen; solange aber nur einzelne Blätter und keine kompletten Pflanzen geschädigt sind, lässt sich dieser Pilz tolerieren.

Um diesen Zyklus zu unterbrechen oder den Befall zumindest zu reduzieren, sollten Sie nach der Ernte alle alten befallenen Blätter entfernen. Sie können sie problemlos über den Kompost entsorgen. Der neue Austrieb ist dann meist wieder gesund. Die Erdbeeren sollten – wie schon beim Grauschimmel erwähnt – auf einem sonnigen und eher trockenen Standort stehen. Vorbeugend gegen beide Pilzkrankheiten hat sich eine Blatt stärkende Spritzung mit Schachtelhalmbrühe bewährt.

Erdbeerblütenstecher (*Anthonomus rubi*)

Das Schadbild zeigt noch nicht aufgeblühte Erdbeerknospen, die am Stiel angefressen sind und herunter hängen oder abgefallen sind.

Hier war der schwarze Erdbeerblütenstecher am Werk. Er gehört zur weitverbreiteten Familie der Rüsselkäfer, die den Winter unter Laub und Abfällen verbringen und im April aktiv werden. Zuerst ernähren sie sich von den Erdbeerblättern, bis das Weibchen kurz vor Beginn der Erdbeerblüte die Blütenstiele etwa bis zur Hälfte annagt und seine Eier in die Blütenknospe legt. Die aus den Eiern schlüpfenden Larven entwickeln sich in den welkenden, meist abfallenden Blütenknospen und verpuppen sich dort. Einige Wochen später schlüpfen die Käfer der nächsten Generation. Diese richten aber kaum noch Schaden an.

Die natürlichen Feinde der Larven sind Laufkäfer, Raubkäfer und Schlupfwespen. Um den Befall für die kommenden Jahre zu reduzieren, sollten Sie die abgefallenen Knospen aufsammeln und vernichten.

TIPP

Robuste Erdbeer-Sorten für den Garten:

'Eros' (mittelfrühe Sorte, ausgewogener Geschmack), 'Florika' (ertragreich), 'Fraroma' (frühreif, gutes Walderdbeer-Aroma), 'Spadeka' (aromatisch), 'Thurigata' (mittelspät, gut zum Tiefgefrieren).

Wurzelfäule (*Phytophthora fragariae, P. cactorum*)

Die von der Wurzelfäule befallenen Erdbeerpflanzen kümmern und entwickeln sich schlecht. Auf den ersten Blick ist an der Pflanze kein Verursacher zu entdecken, erst beim genaueren Betrachten erkennt man veränderte Wurzeln. Erdbeerpflanzen werden von verschiedenen Pilzen befallen. Der Pilz *P. fragariae* ruft die Rote Wurzelfäule hervor. Der Erreger zerstört zuerst die Seitenwurzeln, die Hauptwurzeln bleiben noch längere Zeit intakt. Der Erreger *P. cactorum* bewirkt eine Fäule im Bereich des Wurzelhalses.

Beide Pilze treten auf schweren und zu Staunässe neigenden Böden auf. Da diese ungünstigen Verhältnisse auch andere Krankheitsbilder fördern, sollten Sie den Boden mit Kompostgaben verbessern und die Erdbeeren erhöht auf Wälle pflanzen. Darüber hinaus ist hier ein Fruchtwechsel nötig, da die Pilze lange Zeit im Boden überleben.

Erbsenkrankheiten

Erbsenwickler (*Cydia nigricana*)

Bei der Erbsenernte stellt man fest, dass in manchen Hülsen meist nur eine einzige, 7 bis 8 mm lange weißlich-grünliche Raupe des Erbsenwicklers sitzt und die Erbsen-Samen angefressen hat. Die angefressenen Samen sind von einem mit Kotkrümel durchsetzten Gespinst umgeben.

Nach der Überwinterung im Boden wandert die Raupe im Frühjahr nach oben und verpuppt sie sich unmittelbar unter der Erdoberfläche. Ab Mitte Mai schlüpfen die Kleinschmetterlinge. Sie sind überwiegend abends und in der Dämmerung aktiv und ernähren sich von dem Nektar der Erbsenblüten. Ihre weißen, scheibenförmigen Eier legen sie im Juni einzeln oder paarweise an die Blattunterseite oder an die Kelchblätter der Blüten ab. Ein Weibchen kann bis zu 350 Eier ablegen. Nach sieben bis zehn Tagen schlüpfen die weiß-gelben Larven. Sie suchen die Hülsen während der Samenbildung auf und bohren sich hinein. Nach etwa drei Wochen durchbohrt die inzwischen erwachsene Raupe die Hülse und seilt sich an einem Spinnfaden zum Boden ab. Dort gräbt sie sich etwa 20 bis 30 cm tief in den Boden ein, wo sie in einem Erdkokon überwintert. Im Frühjahr verlässt sie diesen Kokon und legt dicht unter der Erdoberfläche einen neuen Kokon an, in dem sie sich verpuppt.

Gegen Wurzelfäule und Echten Mehltau widerstandsfähige Erbsen

'Delikata', 'Norli', 'Zuccola' (Zuckererbsen), 'Markana', 'Vitara' (Markerbsen).

Wo der Erbsenwickler regelmäßig auftritt, sollten Sie sehr frühe oder sehr späte Erbsen-Sorten anbauen, deren Vollblüte nicht in die Hauptflugzeit des Erbsenwicklers Mitte Juni fällt. Die natürlichen Feinde sind Fledermäuse, die die Nachtfalter fangen. Die Raupen und Puppen werden von Laufkäfern, Schlupfwespen, Spitzmäusen und Igeln gerne gefressen. Im naturnahen Garten mit genügend Aufenthaltsmöglichkeiten wird man deshalb weniger Probleme mit einem Befall haben.

Erbsenmehltau (*Erysiphe pisi*)

Bei späten Erbsen-Sorten kann in warmen und trockenen Sommern der Echte Mehltau auftreten. Die Blattoberseiten und auch die Hülsen sind von einem weißen, mehligen Belag überzogen. Anfangs tritt dieser Belag fleckenweise auf, später überzieht er die ganze Pflanze. Bei starkem Befall kommt es zum Absterben der Pflanze.

Dieser Pilz sowie der Echte Mehltau bei Gurken ist im Gegensatz zu anderen Pilzen nicht auf Blattfeuchtigkeit angewiesen, sondern hat sein Verbreitungsoptimum an trockenen, warmen Sommertagen. Durch regelmäßiges Befeuchten der Erbsen an trockenen Tagen können Sie die Verbreitung eindämmen. Darüber hinaus sollten Sie vorbeugend frühe und resistente Sorten anbauen.

Krankheiten und Mangelerscheinungen der Pflanzen des Tomatenbeetes

Tomatenkrankheiten

Braunfäule an Tomaten.

Kraut- und Braunfäule (*Phytophthora infestans*)

Die Kraut- und Braunfäule an Tomaten wird von dem gleichen Erreger wie bei den Kartoffeln hervorgerufen. Der Befall beginnt an älteren Blätter, die erst graugrüne, später braune Flecken zeigen. Bei feuchtem Wetter breiten sich die Flecken schnell aus und das Blatt stirbt ab. Die Stängel werden erst später befallen. Hier bilden sich dann großflächig braunschwarze, scharf abgegrenzte Flecken. Sie können den gesamten Stängel umfassen, bringen den darüber liegenden Pflanzenteil aber nur langsam zum Absterben. Auf den Früchten verursacht der Pilz schmutzig-braune, leicht runzelige Flecken vorwiegend in der oberen Hälfte der Frucht. Das Fruchtfleisch bleibt hart und ist ungenießbar.

Der Pilz benötigt für seine optimale Entwicklung längere Perioden mit höherer Luftfeuchtigkeit und Temperaturen von 13 bis 18 °C. Die Kraut- und Braunfäule ist im Hausgarten die am meisten gefürchtete Krankheit an Tomaten. Sie kann in niederschlagsreichen, feuchten Sommern den ganzen Bestand vernichten. Da sich der Pilz überwiegend auf nassen Blättern ausbreitet, können Sie ihm durch den Schutz vor Niederschlägen mit einer Plastikplane wirkungsvoll begegnen. Vorbeugend kann man den Boden vor dem Auspflanzen mit Schachtelhalm-Brühe oder Knoblauch-Zwiebel-Tee übersprühen. Bei geringem Befall sollten Blatt stärkende Mittel wie Brennnessel-Brühe oder auch Steinmehl zum Einsatz kommen. Befallene Blätter sollten Sie vernichten, die abgeerntete Pflanze darf nicht auf dem Beet bleiben.

Blüten-Endfäule

Auf diese Krankheit wird man meist erst durch die Tomaten aufmerksam, die auf ihrer Unterseite einen braunschwarzen Fleck zeigen. Bei genauerem Hinsehen sieht man, dass die jüngsten Blätter untypisch klein und verformt sind. Diese Krankheit

TIPP

Krankheitsresistente Vertreter unter den Tomaten-Sorten:

'Bolzano', 'Gourmet' (Stabtomate), 'Diplom' (für Treibhaus-/Freilandanbau), 'Goldita' (gelborange Kirschtomate), 'Luxor' (Fleischtomate mit bis zu pfundschweren Früchten), 'Picolino' (sehr aromatische Cocktailtomate).

wird nicht durch einen Schädling oder Erreger verursacht, sondern durch einen Kulturfehler. Aufgrund der Überdüngung mit Ammonium, Kalium, Magnesium und Natriumsalzen wird die Kalziumaufnahme der Pflanze gehemmt. So herrscht in der Pflanze ein Kalziummangel. Wenn zusätzlich noch starke Schwankungen in der Wasserversorgung dazu kommen, verursachen beide Faktoren gemeinsam die Erkrankung. Eine ausgewogene Düngung der Pflanzen und eine regelmäßige Wasserversorgung verhindert diese Krankheit.

Selleriekrankheiten

Blattfleckenkrankheit (*Septoria apiicola*)

Auf den älteren Blättern der Selleriepflanzen zeigen sich im Spätsommer braune Flecken mit schwarzen Pünktchen. Bei großflächigem Befall trocknet das Blattgewebe ein und die Sellerieknolle bleibt klein.

Hierbei handelt es sich um eine Pilzerkrankung, die mit dem Samenkorn übertragen wird. Der Pilz entwickelt sich nach dem Auspflanzen anfangs sehr langsam. Bei günstigen Bedingungen, also stehendem Wasser auf den Blättern oder zu viel Blattmasse und damit fehlender Belüftung, nimmt die Entwicklung ihren Lauf.

Zur Vorbeugung gegen die Blattfleckenkrankheit sollten Sie auf robuste Sorten wie 'Berges Weiße Kugel' oder 'Wiener Riesen' zurückgreifen und bei eigener Anzucht auf einwandfreies Saatgut achten. Außerdem können Sie den Boden vor dem Auspflanzen mit Schachtelhalm-Brühe oder Knoblauch-Zwiebel-Tee übersprühen. Befallene Blätter sollten Sie mit dem Hausmüll entsorgen.

Schädlinge der Pflanzen des Kräuter- und Pflanzenanzuchtbeetes

Kohlpflanzenkrankheiten

Kohldrehherzmücke (*Contarinia nasturtii*)

Bei jungen Kohlpflanzen beobachtet man manchmal verdrehte oder gänzlich fehlende Herzblätter. Diese Pflanzen sind von der Kohldrehherzmücke befallen.

Ab Mitte Mai erscheinen die 1,5 bis 2 mm großen, hellbraunen Mücken. Sie legen ihre 0,3 mm langen Eier in Gruppen von 20 Stück bei Jungpflanzen an die Stiele oder die Blattspreiten der Herzblätter. Die Larven schlüpfen in Abhängigkeit von der Temperatur nach vier bis zehn Tagen. Die anfänglich glasklar, später schwach gelblich gefärbten Larven sind nach zwei bis drei Wochen ausgewachsen. Sie fressen an den Oberseiten der Blattstiele. Durch die in ihrem Speichel enthaltenen Toxine bringen sie das Wachstum auf der Blattstiel-Oberseite zum Stillstand, während das

Gewebe auf der Unterseite normal weiter wächst. Als Folge davon kommt es zu der typischen Verdrehung oder dem völligem Fehlen der Herzblätter. Nach etwa einer Fraßwoche wandern die Larven zum Verpuppen in den Boden. Von Juni bis September können sich weitere Generationen bilden und die dann noch empfindlichen Blumen- und Rosenkohlpflanzen schädigen. Die Kohldrehherzmücke bildet bei uns bis zu drei Generationen. Trockenheit und niedrige Temperaturen beeinträchtigen ihre Entwicklung, feuchte Jahre können eine Massenvermehrung bewirken. Die Larve überwintert als Kokon im Boden.

Da die Mücken sehr windempfindlich sind und bevorzugt windgeschützte Lagen aufsuchen, sollten Sie diese Standorte meiden. Darüber hinaus ist der Fruchtfolgewechsel sehr wichtig. Wenn keine Kohlpflanzen vorhanden sind, baut sich die Mückenpopulation sehr schnell ab. Sollte diese Krankheit trotzdem bei Ihnen auftreten, müssen Sie die Jungpflanzen regelmäßig kontrollieren. Die befallenen Pflanzen müssen vernichtet werden, bevor die Larve zum Verpuppen in den Boden abwandern. Auch hier können Sie Ihre Pflanzen mit feinmaschigen Gemüsenetzen oder Vlies schützen. Befallene Jungpflanzen sind in ihrer Entwicklung gestört und sollten nicht verpflanzt werden.

Lohn der Arbeit – die eigene Ernte!

Register

Bildquellen

Bauer, Kristina Seite 56 li., 61 li., 61 re., 69 li., 76 re. o., 80.
Birgit Oberdieck Umschlagrückseite, Seite 40, 56 re. u., 69 re.
GBA/Didillon Seite 95, 141.
GBA/GPL Seite 54 M., 55.
GBA/Noun Seite 10 o., 10 u., 11, 86 re., 97 re., 99 o., 106 (2. v. o.).
GBA/Perder Seite 32/33.
GBA/Wothe Seite 107 o., 107 (2. v. u.).
Papouschek, Elke und Thinschmidt, Alice Seite 24 re. u., 50 o., 62 li. u., 64 u., 65 o., 65 (2. v. o.), 65 (2. v. u.), 75.
Redeleit, Wolfgang Titelbild, Seite 4/5, 20 M., 20 re., 47 li., 76 li. o., 85, 87, 90 (2. v. u.), 97 li., 105 o.
Reinhard, Hans Frontispiz, Seite , 7, 13, 16, 15, 17, 19, 20 li., 23, 24 li. o., 24 li. u., 27, 28, 29 li. u., 29 re. u., 30 o., 30 u., 31 li., 31 re., 34, 36, 39, 42/43, 47 re., 48 li. o., 48 li. u., 48 re., 50 M., 50 u., 51 o., 51 M., 54 li., 54 re., 56 re. o., 62 li. o., 62 re. o., 62 re. u., 64 o., 66 (2. v. u.), 70 li. o., 70 li. u., 70 re. o., 70 re. u., 74 li., 74 M., 74 re., 76 li. u., 76 re. u., 78 o., 78 li. o., 78 li. u., 79, 81 o., 81 M., 81 u., 82 o., 82 (2. v. o.), 82 (2. v. u.), 82 u., 83 o., 83 (2. v. o.), 83 u., 86 li., 88 li. o., 88 li. u., 88 re. o., 88 re. u., 90 u., 94 li. o., 94 li. u., 98 u., 99 u., 103 li., 104 M., 105 (2. v. o.), 105 u., 106 u., 107 (2. v. o.), 112/113, 116 o., 117 o., 117 u., 116 u., 124, 134, 135 li., 135 re. 136.
Reinhard, Nils Seite 24 re. o., 92, 104 u., 106 (2. v. u.).
Schaefer, Bernd Seite 116 li. o., 118, 120 li., 120 re., 121, 122, 126, 137.
Stein, Gitte und Siegfried Seite 9 li., 9 re., 51 u., 65 u., 66 o., 66 (2. v. o.), 66 u., 68, 90 o., 90 (2. v. o.), 91 o., 91 (2. v. o.), 91 u., 91 (2. v. u.), 94 re., 98 o., 99 M., 105 (2. v. u.), 107 u., 114.
Strauß, Friedrich Seite 83 (2. v. u.), 104 o., 106 o.
Veser, Jochen Seite 127, 131.
Alle Zeichnungen fertigte Herr Andreas Höing, Hünxe, nach Vorgaben der Verfasserin an.

Bibliografische Information der Deutschen Bibliothek
Die Deutsche Bibliothek verzeichnet diese Publikation in der Deutschen Nationalbibliografie; detaillierte bibliografische Daten sind im Internet über http://dnb.ddb.de abrufbar.

ISBN 3-8001-4474-3

Wollgrasweg 41, 70599 Stuttgart (Hohenheim)
Internet: www.ulmer.de

Lektorat: Karin Wachsmuth
Innenlayout und Satz: Atelier Reichert, Stuttgart
Umschlaggestaltung: Michaela Mayländer, Stuttgart
Reproduktion: Repro Schmid, Stuttgart
Druck und Bindung: aprinta, Wemding
Printed in Germany

Der Gemüsegarten im Jahreslauf

Monat		Kartoffelbeet	Wurzelbeet	Bohnenbeet
Juli	Anfang	Kartoffeln und Puffbohnen ernten	Zwiebellauch in Reihe legen	
	Mitte	Lauch und Grünkohl pflanzen		die letzten Bohnen ernten und Kraut entfernen, Kompostgabe an die Kohlpflanzen, Wintersalat auspflanzen oder aussäen
	Ende			
August	Anfang		Zwiebeln ernten	
	Mitte		zwischen den Reihen hacken, Kompost an die Wurzelgemüse geben	
	Ende			zwischen den Reihen hacken
September	Anfang	Lauchreihen mit Kompost auffüllen		Rosenkohlpflanzen entspitzen
	Mitte			Erntebeginn von Brokkoli
	Ende		Möhren, Rote Bete und Chicorée ernten	
Oktober	Anfang			
	Mitte			
	Ende			
November	Anfang		Erntebeginn der Schwarzwurzeln und Pastinaken	Rosenkohl und Salate ernten
	Mitte			
	Ende			
Dezember		Grünkohl und Lauch nach Bedarf ernten		